芬兰设计面对面

耿晓杰　编著

中国建筑工业出版社

图书在版编目（CIP）数据

芬兰设计面对面 / 耿晓杰编著 . —北京：中国建筑工业出版社，2020.2
ISBN 978-7-112-24663-2

Ⅰ. ①芬… Ⅱ. ①耿… Ⅲ. ①建筑设计 – 概况 – 芬兰 Ⅳ. ① TU2

中国版本图书馆 CIP 数据核字（2020）第 022152 号

责任编辑：费海玲　张幼平
责任校对：焦　乐
封面题字：黄少鹏

芬兰设计面对面
耿晓杰　编著
*
中国建筑工业出版社出版、发行（北京海淀三里河路9号）
各地新华书店、建筑书店经销
北京方舟正佳图文设计有限公司制版
北京市密东印刷有限公司印刷
*
开本：787毫米×960毫米　1/16　印张：$9\frac{1}{2}$　字数：125千字
2020年12月第一版　2020年12月第一次印刷
定价：58.00元
ISBN 978-7-112-24663-2
(35277)

序

在欧洲北部，有那么几个小国家，它们远离欧洲大陆，被大海包围，被森林覆盖，那里的人们安静而朴实，和善但却不易亲近。我曾经在那里居住了一整年，现在回想起来，仿佛一切都是梦——一个美好的梦。

北欧，芬兰，对大多数中国人来说是一个遥远却美好的地方。我曾经在芬兰首都赫尔辛基，在现在的阿尔托大学——当时称为赫尔辛基艺术与设计学院（TAIK）做访问学者。我在芬兰期间，除了在学校选修课程之外，还拜访了芬兰相当多的设计师、设计公司的负责人、设计协会的负责人和多所学校的设计系教授，闲暇时间就流连于各个设计博物馆、展览会，可以说是全方位地沉浸在北欧芬兰的设计氛围中，并被其深深吸引。

虽然远离家人，饱受思乡之苦，可是芬兰人的淳朴、友好却让我的心灵安宁而纯净。夏天是北欧的天堂时光，很多人离开赫尔辛基去度假，留在赫尔辛基的人也在享受着美好的夏日时光。他们会围着湖边跑步，躺在湖边聊天，晒着太阳，孩子们嬉戏，一切都是那么安静、美好。我经常坐在湖边的咖啡馆里，望着周围的一切，思考着，原来这样的环境才能孕育出那么美好的设计啊！一切都是自然而然地发生。在芬兰的这一年里，我也经受了很多困难和折磨，但是现在回想起来竟然全是美好。我时常思念芬兰，我已经把芬兰当作我的第二故乡。

我每次拜访那里的设计师——无论他们已经多么有名，从未遭遇过哪怕一点的傲慢的对待，我时时刻刻感受到芬兰的平等、民主。每一次的访问虽然辛苦，但是也乐在其中。我无比期待下一次的采访，那是一种工作上的享受。

芬兰的设计是从设计师心中自然流淌出来的。他们热爱自然，享受自然，所以会采用自然的材料，运用自然界的造型，从不矫揉造作。他们的生活是简单的，从容的，所以设计也就不那么急功近利，虽然他们也面临着各种压力，但是因为高福利政策，他们仍然可以过着一种慢节奏的生活，谨慎小心地琢磨自己的设计。我想，设计师的生活可能就应该能在很大的压力下仍然保持自己的节奏。我看见他们在森林里的小木作坊里，慢慢做出自己的设计样品，不断修改，期间也会停下来，找朋友聊天，或者去自己的院子里弄弄花草，再回到作坊里继续制作，这样的生活可能才是设计师生活的本来面貌吧！

我所拜访的每位设计师都有自己的特点。他们有的是冉冉升起的设计明星，已经有了一定的地位和名声；有的是设计院校的教授，专心研究设计教育；有的非常活跃，侃侃而谈；有的比较沉默，但是作品丰厚。我们随性而谈，在谈话中，我最深切的感受就是，芬兰年轻一代的设计师面临着比老一代更大的竞争压力，这逼迫着他们走出芬兰，建立国际设计网络，有的人已经做到了，有的人还在努力，这就是芬兰设计界的现状。

我所拜访的这些设计师都是从心底里热爱设计，他们对设计工作倾注了全部的心血，他们的热情也感染了我。那一年我全身心地投入了访谈工作当中。本书选取了我在芬兰拜访的十三位设计师和一位设计协会的负责人，试图以此勾勒出芬兰当代设计的全貌。我之前撰写的《芬兰设计师作品解析》主要介绍的是四位著名的芬兰设计大师，本书是前书的补充。本书中介绍的主要是芬兰的中青代设计师，他们是芬兰设计的未来。

在芬兰工作的日日夜夜，获得的珍贵资料如今可以集结成书，出版发行，我心里无比激动。我首先要感谢我在芬兰的导师 Pekka Körvenmaa，如果没有他的引荐和介绍，我很难见到这些非常有成就的设计师，遑论出版图书；非常感谢 Pekka Körvenmaa 对我的巨大帮助和支持；我还要感谢各位设计师的配合和协助，当你们收到我的邮件和电话的时候，根本不知道我是谁，你们却都无一例外地热情接待了我，让我在异国他乡感受到了如同回到亲人身边的温暖，我们的交谈都是那么愉快；你们从不傲慢，而且相当专业，无私地把所有的资料送给我，让我的工作得以顺利完成，谢谢你们！最后我还要感谢我的家人，我的爸爸妈妈，我的姐姐，还有我最最挚爱的伴侣——我的丈夫，你们为了我的事业，忍受离别之苦，从不抱怨，你们是我生命中最最重要的人，是我的精神支柱，你们的认可是我努力工作的最大动力。

芬兰的夏天是天堂，芬兰的冬天是地狱，我都经历过了；我热爱芬兰，思念芬兰，虽然漫长的冬夜也让我痛苦难耐，但是那一年仍然是我生命中最难忘的一年。无数次回忆起在那里工作生活的每一天，我发现我已经深深爱上了那片土地，从心中已经和它难以分离，我梦想着不久的将来，再踏上那片土地，再和昔日的老朋友们聊聊设计，聊聊未来！

目录

序

I 芬兰设计初识

1 芬兰现代家具设计与设计师 / 002

2 芬兰现代家具设计协会和组织 / 011

3 芬兰现代家具设计教育 / 017

II 设计面对面

1 从冰块灯中走出的设计天才 Harri Koskinen / 030

2 设计多面手 Ilkka Suppanen / 038

3 设计教育家 Karrle Holmberg / 044

4 设计手艺人 Mikko Lakkonen / 051

5 热衷于设计佩饰的家具设计师 Sarra Renvell / 056

6 从窗帘到家具 Elina Aalto / 065

7 能设计更善于管理的设计总监 Antti Olin / 070

8 芬日混血设计师 Yodo Kurasawa / 074

9 擅长设计混凝土的家具设计师 Samuli Naamankka / 079
10 幽默的芬兰家具设计师 Timo Salli / 086
11 只做家具设计的芬兰家具设计领军人物 Jouko Järvisalo / 094
12 设计服装的家具设计师 Naoto Niidome / 098
13 Martela 公司首席设计师 Pekka Toivola / 103
14 芬兰设计广场（Design Forum）负责人 Mikko Kalhama / 108

III 设计面面观

1 芬兰设计的定位 / 114
2 芬兰设计的崛起与展览 / 118
3 芬兰设计的“神奇年代” / 124
4 芬兰设计的“静”与“净” / 132

后记 / 137

Harri Koskinen

Ilkka Suppanen

Karrle Holmberg

Mikko Lakkonen

Sarra Renvell

Antti Olin

Yodo Kurasawa

Samuli Naamankka

Timo Salli

I 芬兰设计初识

1 芬兰现代家具设计与设计师

芬兰，北欧五国之一，地处地球的边缘，有三分之一的国土面积位于北极圈内，自然条件比较恶劣，除森林、湖泊外没有其他的资源，全国人口只有 500 万。就是这样一个曾经默默无闻的小国，却在几十年的时间里在世界家具设计的舞台上大放异彩。芬兰设计如今已经成为北欧设计的重要部分。

对于消费者来说，芬兰设计意味着高品质、人性化、高度重视功能的设计。芬兰家具产品得到全世界人们的喜爱。在芬兰现代家具设计的发展历程中，不同的时期都涌现出了一些优秀的家具设计大师，他们为芬兰家具设计的发展做出了卓越的贡献。

芬兰现代家具的起源可以追溯到 20 世纪 20 年代末期德国包豪斯设计思想传人芬兰之时，当时芬兰家具界对于这种激进的设计思想还表现得相当谨慎。促使现代主义在芬兰家具界得到发展的重要人物之一是阿尔瓦·阿尔托（Alvar Aalto，1898 － 1976）——他不仅将现代主义设计应用在建筑上，而且应用在为建筑设计的家具上。阿尔托设计的一系列具有创新性的弯曲木家具开创了芬兰现代家具设计的先

阿尔瓦·阿尔托设计的安乐椅

阿尔瓦·阿尔托设计的可叠起的凳子

河，并成为后来许多芬兰家具设计师的灵感之源，至今仍有无限的影响力。阿尔瓦·阿尔托的大部分家具作品至今仍在生产之中，已经成为国际驰名的芬兰产品。更重要的是，阿尔托的家具标志着芬兰现代家具开始成为一种工业设计产品。

到了 20 世纪 30 年代中期，国际局势风云突变。第二次世界大战开始后，芬兰被卷入其中，接下来的冬季战争和内战更是让芬兰遭遇了严重的经济衰退。战争结束后，芬兰开始了艰苦的战后重建工作，大批在战争中失去家园的人们需要新的住所和新的家具。当时除了木材之外，其他的资源都极度缺乏。伊玛里·塔佩瓦拉（Ilmari Tapiovaara，1914-1999）正是在这样的社会背景下涌现出来的杰出设计大师。对塔佩瓦拉来说，其职业生涯中最重要的一个项目就是多莫斯 (Domus)：1946 年，为了让战后大量涌入赫尔辛基的大学生能够拥有一个体面的居住和学习场所，市政府决定建造一座学生宿舍，塔佩瓦拉负责设计室内和家具。这一项目使他在国内获得了极大的声誉，并产生了之后一系列的家具设计。这一项目中的多莫斯椅（Domus Chair) 成为塔佩瓦拉的商标。据说当时的生产总量达到了 75 万把。塔佩瓦拉最卓越的成就是开创了芬兰工业化大批量生产的、系列化的、

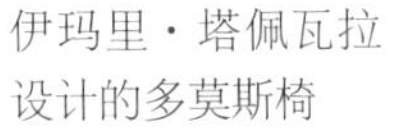

伊玛里·塔佩瓦拉设计的多莫斯椅

多莫斯叠椅

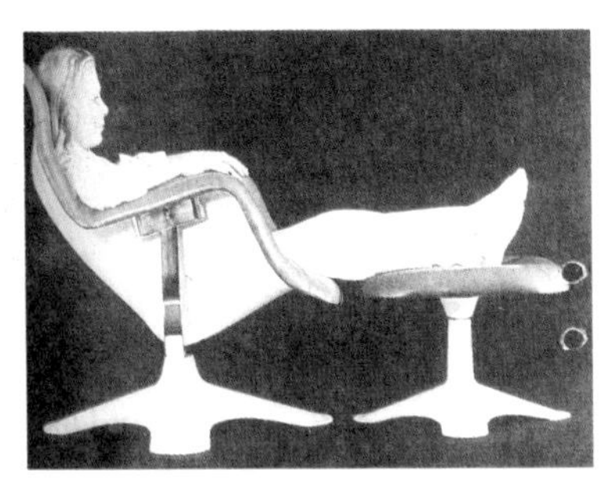

库卡波罗的“卡路塞利椅”

低成本的家具设计和制造的先河。他还将在美国芝加哥伊利诺理工大学设计学院学习到的产品设计观念在家具设计上进行实践，将设计、大批量系列化生产、包装、运输和销售等各个环节作为一个整体进行考虑。

经过 20 年的发展，到了 20 世纪 50 年代，芬兰设计已经在世界上享有了很高的声誉，在美国和欧洲大陆都可以看到很多芬兰设计的家具产品，同时芬兰的经济也开始走上了腾飞的道路。约里奥·库卡波罗（Yrjö Kukkapuro,1933 － ）正是在这个极好的年代开始了他的职业生涯，库卡波罗是伊玛里·塔佩瓦拉的学生，设计作品受到了老师的极大影响。库卡波罗是芬兰家具界迄今为止最为重要的一个人物，他坚定不移地走人性化的功能主义的设计道路，对芬兰家具设计的影响力无人能及。在芬兰家具界，他是 50 年不败的常青树，他最为著名的“卡路塞利椅”（Karuselli）行销全球，曾经被纽约《时代》杂志评选为“世界上最舒适的椅子”。在 20 世纪 70 年代全球出现石油危机以后，他又回归到采用胶合板和钢材设计椅子，仍然出现了不少佳作。

到了 20 世纪六七十年代，芬兰的家具设计已经逐步走向成熟。

当时，波普设计在全球大行其道，但是芬兰的家具设计师并没有受到外界潮流的影响，而是继续坚持自己的设计风格。在这期间，出现了几位优秀的具有代表性的家具设计师，他们无一例外都是库卡波罗的学生。

约里奥·威勒海蒙（Yrjö Wiherheimo，1941－ ），1963 年进入赫尔辛基艺术设计大学学习家具设计，毕业后成为一名建筑师和设计师。20 世纪 80 年代他被聘为该校的家具系教授，担任这一职位 20 余年，为芬兰培养了大量年轻一代的家具设计师。威勒海蒙是功能性家具设计的坚定支持者、实践者和传播者，他在芬兰家具设计界起到了承上启下的重要作用。威勒海蒙的家具设计作品不追求时尚和潮流。他在 1992 年设计的“鸟儿椅”，外形简洁美观，十分舒适。

西蒙·海科拉（Simo Heikkilä，1943－ ），威勒海蒙的好朋友和工作拍档。西蒙是一个性格鲜明，敢说敢干，极其幽默的艺术型设计师。在威勒海蒙 2006 年退休以后，西蒙接替他的位置，成为赫尔辛基艺术设计大学的家具系教授。西蒙钟情于木材，曾经说过：“木材就是木材”，将芬兰的功能性设计和芬兰当地的木文化紧密地结合在一起。西蒙的大部分家具设计都是具有试验性的作品，包括对于材料、造型和结构方面的试验。西蒙不仅进行试验性的家具设计，而且在设计方面有很多自己独到的见解。他极力反对使用塑料，反对对于材料的任何形式的模仿，极其厌恶人们对于物质的无休止的贪婪；极力倡导生态性设计，鼓励并且身体力行使用可循环的材料。作为家具系的教授，他的这些思想也在影响着芬兰年轻一代的设计师。

雅可·雅威萨路（Jouko Jarvisalo，1950－ ），是库卡波罗的另一位得意门生。他的家具设计作品除保持芬兰重视功能的设计传统之外，更强调利用结构细节创造出美观的造型，他所设计的可瓦椅(Kuva Chair），就是将实用与美观结合得天衣无缝的典范。

卡尔利·洪姆伯格（Kaarle Holmberg，1951－ ）多年跟随

库卡波罗设计的 Fysio 椅　　鸟儿椅

库卡波罗，担任他的助手。这不仅让他了解了库卡波罗的很多设计思想，而且也耳濡目染，学习了很多关于家具设计的教学方法。库卡波罗评价他是“芬兰最好的家具教师”。

这些“二战”后设计的领导者至今仍然活跃在芬兰家具设计舞台上，并且不断有佳作出现。但是长江后浪推前浪，新的一代已经开始崭露头角，并且逐渐开始主宰芬兰设计领域。这些人大都出生在 20 世纪 60 年代末期至 70 年代初期，他们当中不乏有才华的设计师，其中斯蒂芬 · 林德弗斯 (Stefan Lindfors) 就是年轻一代的典范。在 80 年代末期，作为一个年轻的叛逆者，斯蒂芬成为芬兰当时的设计明星。其成名之作是 1988 年设计的“Scaragoo”灯，在当年的米兰国际家具博览会展出，博得了人们的一致好评。斯蒂芬的设计作品非常富有艺术性，这也许与他学习过雕刻的教育背景有关，他本人也充满了北欧的浪漫主义情怀。目前他主要从事与电影、雕刻相关的工作，逐渐远离了设计领域。

到了 21 世纪，继斯蒂芬之后，另一位出生于 20 世纪 70 年代的年轻设计师开始在各种设计大赛中频繁获奖，他就是哈利 · 考斯基恩

西蒙设计的 etc 椅

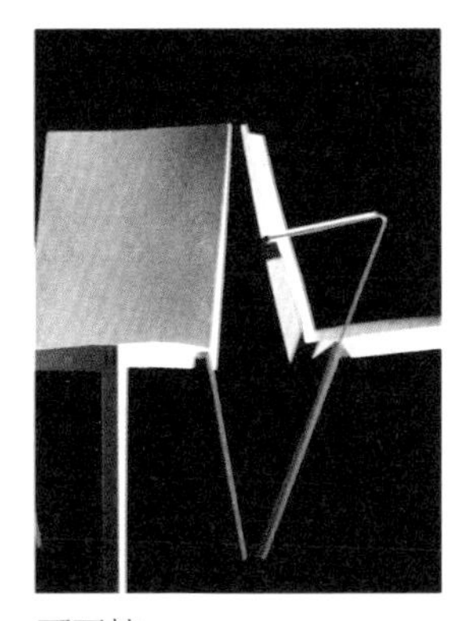

可瓦椅

卡尔利·洪姆伯格设计的椅子

（Harri Koskinen，1970－　）。1997 年，他设计的透着洁净无瑕光芒的“冰块灯”在赫尔辛基展出后大放异彩，不但获奖无数，更是受到世人的疯狂喜爱，目前已经成为芬兰年轻一代设计师的杰出代表。

从斯蒂芬、哈利的身上我们也可以看到，新一代的设计师与他们的前辈相比，设计领域更加广泛，往往并不只从事家具设计，而且与国际上的交流与合作也更加紧密。哈利·考斯基恩和世界上多个国家的设计公司合作，他的家具设计作品强调功能为上，造型纯净，十分看重细微处的处理。有人评价他是一位极具天赋的设计师，但是他本人却认为童年在乡村的成长经历给了他纯净的心灵，从而创作出了这种可以感动人们的纯净的作品。

另外一位才华横溢的年轻设计师是伊尔卡·苏帕恩（Ilkka Suppanen，1969－　）。1997 年，他和芬兰另外一位设计师缔蒙·萨利一起组建了“SnowCrash”设计小组，参加了在德国科隆举办的国际家具博览会，一举成名，获得了德国当年度的最佳设计师奖。伊尔卡也涉及多个设计领域，其中家具设计的代表作品是 1998 年为意大利家具公司 Cappellini 设计的飞毯椅 (Flying Carpet)。这件作品外形

哈利·考斯基恩设计的沙发

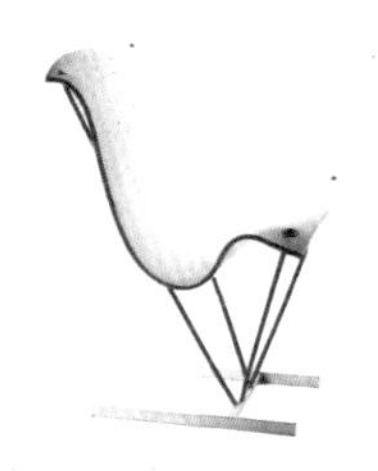
伊卡尔设计的飞毯椅

缔蒙设计的无扶手单人椅

夸张，特殊的框架结构使椅子具有一定的弹性，极易拆装，他花费了两年多的时间来完成这一设计。伊尔卡 2006 年获得瑞典马蒂森基金会颁发的马蒂森奖——这一奖项在欧洲尤其是北欧具有相当高的地位，这表明他的设计作品已经得到了设计界的认可。

缔蒙·萨利（Timo Salli，1963 -　），伊尔卡·苏帕恩的好朋友，赫尔辛基艺术设计大学实用美术系教授，在芬兰是一个非常活跃的人物。他积极倡导新芬兰设计，力图改变芬兰设计留给外界的严肃、缺乏幽默感的印象。他是一个非常幽默爽朗的人，不像大多数的芬兰人那样沉默，也许正是这样的性格使他的设计作品别具特色，也使芬兰的工业品设计更加多姿多彩。他认为："要想使芬兰的设计不断向前发展，就必须具有开放的思维，年轻的设计师无论如何都应该继承强烈的芬兰传统，我们常常是一条腿在森林里，另一条腿在国际化的设计舞台上。"虽然他的设计作品与其他传统的芬兰设计有一些不同，他会采用一些不同的材料，但是仍然保持着芬兰设计纯净、功能至上的特色。

塞缪利·纳曼卡（Samuli Naamankka，1969 -　）是一个典型的研究型设计师。因为有物理学的教育背景，再加上受到做工程师的父亲和哥哥的影响，他的家具设计总是从对材料和结构的研究开始。他曾经说过："我总想用一种特殊的结构来表现芬兰设计的安静感和

塞缪利设计的 Uni 椅

沙拉设计的椅摇

密戈尔·拉高尼恩的设计

清晰感。”比如自 2003 年问世以来在国际上获奖无数的 Clash 椅，外形看起来结构十分简单，但是实际上胶合板内部的金属部分的构造却是相当复杂的。Uni 椅是一把完全用胶合板制成的椅子，主要的接合方式是胶合，由两部分构成，角部的弯曲比较复杂，在胶合板的使用上这无疑是一个创新。这把椅子在 2008 年瑞典斯德哥尔摩举办的欧洲家具博览会上获得了北欧优秀设计奖。

沙拉·瑞恩威尔（Sarra Renvell，1973 - ）是一位年轻的女性设计师，她对于材料有着自己独特的理解。她曾经说过：“我在选择材料的时候不喜欢受到限制，喜欢给人一种惊讶的感觉。如果将设计比喻成做饭，我不喜欢只用土豆，我喜欢加上各种调料，我喜欢探索，让它更多姿多彩。”沙拉还是芬兰著名的设计组织 IMU 的创办人之一，这一组织每隔一年或两年都会组织芬兰的年轻设计师在世界各地举办设计展览，向全世界展示芬兰的最新、最优秀的设计。

密戈尔·拉高尼恩（Mikko Laakkonen，1975 - ）在学习设计之前曾经做过三年的吉他制作师，这种经历不仅培养了他对材料的了解，而且使他具有很强的模型制作能力。他认为设计作品应该有明确的目的，即功能性，而和功能性紧密相连的就是外形，把两者很好地结合在一起的就是优秀的设计。他近年来和意大利家具公司合作密切，推出了一系列比较成功的作品。

纵观芬兰近百年的家具设计发展历程，其成功的经验在于坚持本土的人性化，强调功能性、生态性、可持续性的设计传统，不追求时尚和潮流。新老一代设计师之间具有延续性的传承也使芬兰的家具设计不断发展。

2 芬兰现代家具设计协会和组织

一个国家的设计协会和组织担负着促进设计行业发展，保护设计师和设计企业利益，向世界展示和推广该国设计产品的重任。在芬兰，与设计相关的协会和组织遍布各个城市，但最主要的和最有影响力的协会和组织主要有三个：芬兰设计论坛 (Design Forum Finland)、芬兰设计师协会 (Finnish Designer Association)、芬兰设计博物馆 (Finnish Design Museum)。

1. 芬兰设计论坛

1875 年，当时芬兰还处于俄罗斯的统治之下，一群在文化和工业领域都很有影响力的有识之士创办了芬兰工艺与设计协会 (The Finnish Society of Crafts and Design)。创办之初，这个协会与芬兰美术协会 (Finnish Fine Arts Association) 一起合作管理一座博物馆和一所工业艺术学校。1965 年，这所学校被芬兰政府收归国有，后来成为现在的赫尔辛基艺术与设计大学。在学校和博物馆分开以后，这个协会开始转变发展的方向。在 20 世纪 80 年代末期，一个新的具有国际化名字的组织——芬兰设计论坛成立，它的业务核心就是在中小企业中促进芬兰设计的发展。它举办的活动主要包括在芬兰国内和国外举办展览、比赛和出版刊物等。芬兰设计论坛努力建立设计师和需要设计服务的工业企业之间的关系，也向企业提供一些针对性的解决方案来提升企业的创新能力从而获得更多的利润。为了促进设计产品的出口，芬兰设计论坛也举办一些国际性的活动，将来自企业的人员和独立设计师联合起来一起发布新产品。

芬兰设计论坛的首席执行主席米戈 · 卡尔哈玛 (Mikko Kalhama) 介绍芬兰设计论坛有多个层次的工作。其一，致力于芬兰国内，主要与芬兰国内的企业合作，也与芬兰的各个政府机构合作，像教育部、文化部、贸易和工业部等，来影响或参与制定芬兰的一些与设计有关的战略和政策；还与芬兰的多所设计院校紧密合作，建立紧密的设计联盟。其二，在国际范围内，组织各种设计活动、设计论坛，发布芬兰设计的信息，还和世界上各种设计组织和机构合作，其中包括北欧的各种设计组织，经常一起分享一些信息，举办一些活动。

芬兰设计论坛定期向会员发布设计信息，每年出版一本《芬兰设计年鉴》(*Finnish Design Book*)，介绍该年度的优秀设计师和设计作品。芬兰设计论坛每年还要举办一些设计竞赛，对提交的优秀设计作品进行评奖，其中最有影响力的奖项是“年度年轻设计师奖”(The Young Designer of the Year Award)。这个奖项每年都会推出一两位非常优秀的年轻设计师，一般在几年后这些年轻设计师都能成为芬兰设计界的领军人物。

关于芬兰设计论坛的经费问题，米戈介绍主要的经费是从芬兰贸易和工业部获得，另外还会向企业会员收取一定的会员费。还会有一些企业的赞助，但这些大概只占经费的 20%。这个组织已经有一百多年的历史，在这些年里，其所投资的一些项目获得了一定的资金积累，另外还从某些基金会中获得一些资金上的支持。

芬兰设计作品与设计师

2. 芬兰设计师协会

芬兰设计师协会有一百多年的历史，直接的分支机构有两个：设计师协会和艺术家协会。机构具有一定的独立性，它们会独自举办很多活动。在芬兰，拥有硕士学位的学生毕业后可以直接成为芬兰设计师协会的会员，本科或者专科毕业的学生必须先向协会提交他们的作品，经过专业委员会审查合格后才可以成为协会的会员。

和芬兰设计论坛相比，芬兰设计师协会并不太商业化。芬兰设计师协会和芬兰设计论坛同样都会举办一些展览、竞赛等活动，但是在职能上却有所不同。芬兰设计师协会主要是为了维护设计师的利益，考虑如何为设计师创造更多的工作机会，成为设计师与企业之间联络的桥梁；而芬兰设计论坛主要是考虑企业的利益，帮企业寻找更好的设计师。所以，芬兰设计论坛的会员是设计领域的企业，而芬兰设计师协会的会员是设计师和艺术家。设计师协会的会员包括工业设计师、图形设计师、室内建筑师和纺织品设计师。

据设计师协会的秘书长莱纳 · 斯乔姆伯格 (Lena Strmberg) 介绍，

芬兰设计博物馆展览

协会的会员每年会向协会交纳一定的费用，约 120 欧元。协会利用这些经费组织一些展览，以及对设计师进行继续教育等。芬兰的设计师和艺术家大部分都是自由职业者，他们很难依靠个人的力量让外界了解自己的设计作品，所以协会就会帮助他们。协会有个设计周，每一周都会组织很多活动，包括展览、讲座、开放设计师的工作室，等等。

芬兰的设计师虽然有非常强的创造力，但却不太擅长将自己的作品向外界宣传。所以设计师协会会定期举办培训，请一些专家来对设计师进行培训，教授他们如何制作产品宣传单，如何与客户打交道，如何参加国际上的一些展览。另外，设计师协会积极向一些企业介绍芬兰优秀的设计师和设计作品，成为设计师和企业之间的一个重要媒介。协会还会帮助设计师处理一些设计作品版权方面的问题，努力维护设计师的权益。

展厅一角

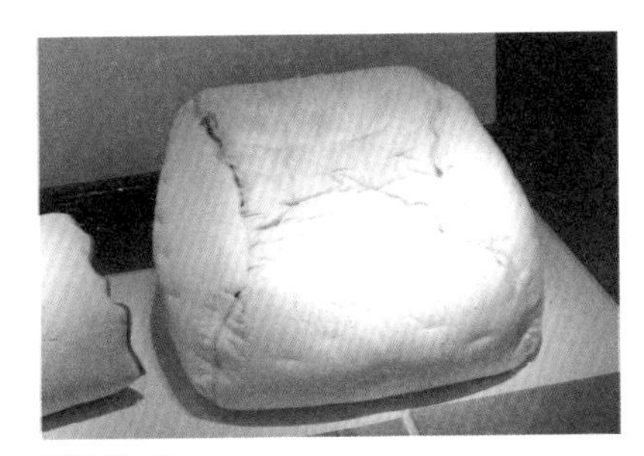

展览作品

设计博物馆的视频展示

3. 芬兰设计博物馆

芬兰设计博物馆是芬兰最重要的一家设计博物馆。博物馆始建于1873年，“二战”期间馆内展品都被洗劫一空，1978年芬兰政府在位于赫尔辛基市中心的一座建筑中重新建立了设计博物馆。

据设计博物馆的馆长玛丽安娜·艾弗(Marianne Aav)介绍，设计博物馆大概每年会举办10～15个展览，其中有3～4个大型的展览，大概会展出一两个月，另外还会有一些小型的展览，可能只有一周到几周的时间。博物馆机构内有一个专门组织展览的部门，展览者需要先提交申请，由这个部门委员会决定是否可以在博物馆内进行展览并确定展览的时间。博物馆总是试图在纯艺术展览和工艺展览中寻找平衡，另外还会兼顾国内展览和国际展览。总而言之，就是要让让芬兰人了解到更多的艺术和设计。

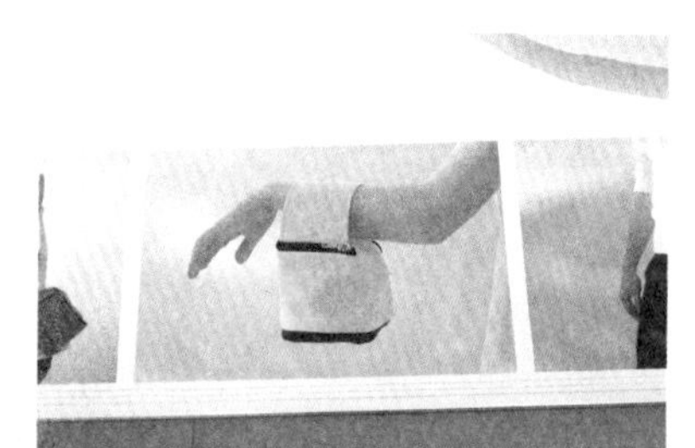

背包式躺椅 1

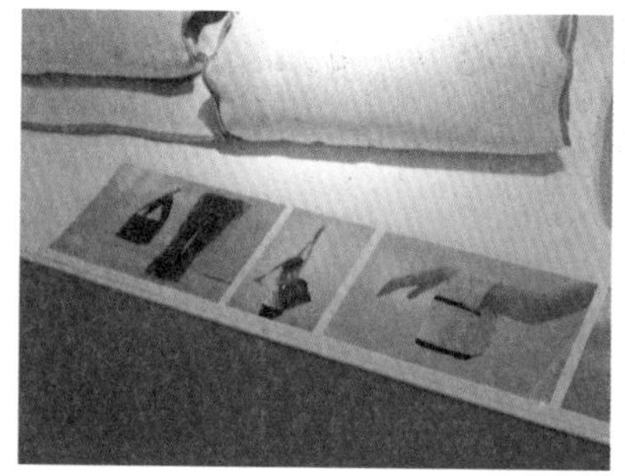

背包式躺椅 2

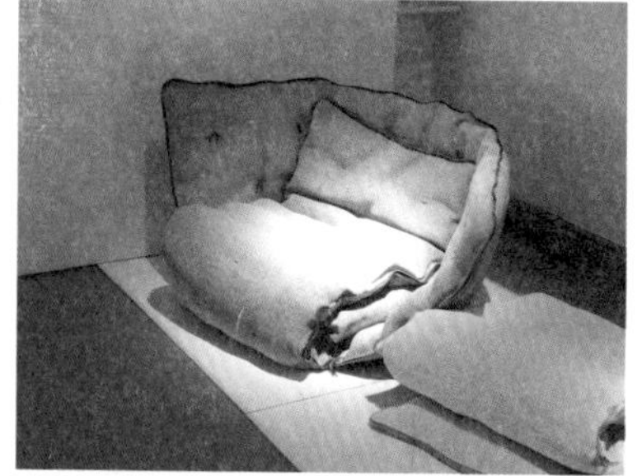

背包式躺椅 3

给手机充电的巧妙设计

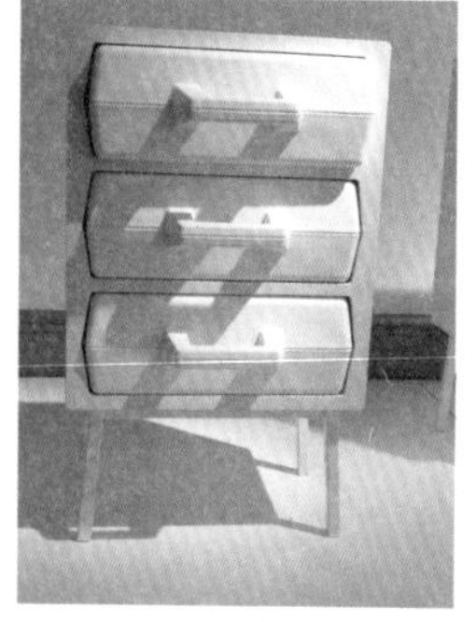

Klaus Aalto 设计的工具箱柜

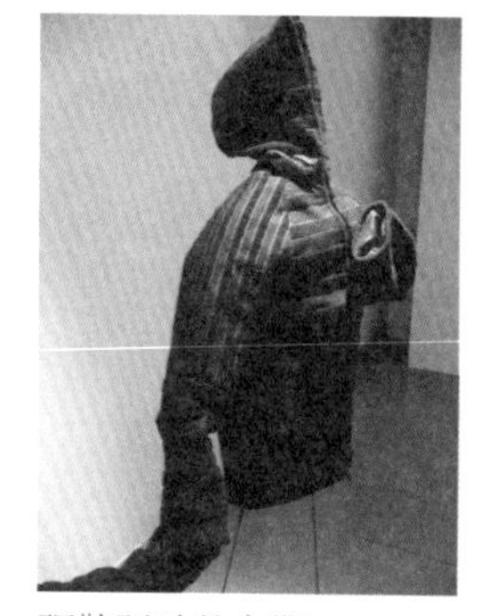

驱散孤独的衣服 1

驱散孤独的衣服 2

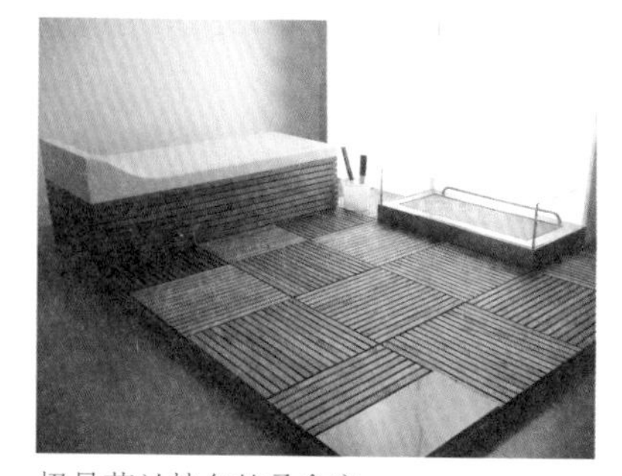

极具芬兰特色的桑拿床

工具箱柜

3 芬兰现代家具设计教育

20 世纪 50 年代，斯堪的纳维亚地区的几个默默无闻的北欧小国，如丹麦、芬兰、瑞典、挪威等国，快速崛起，活跃于世界设计舞台中心，成为设计大国。以北欧传统手工艺为基础加上现代设计和现代技术、材料的北欧家具，成为全球非常重要的家具流派之一，也体现了民主的、大众化的、理想主义的中产阶级生活方式。北欧家具的设计造型质朴，突出天然材质，工艺精美，注重环保与生态，具有超越时间的永恒魅力[1]。

北欧家具之所以能取得举世瞩目的成就，与北欧的现代艺术设计教育密切相关。第二次世界大战之后，芬兰设计人才辈出，赫尔辛基艺术设计大学是突出的代表，成为北欧的艺术设计教育中心。赫尔辛基艺术设计大学目前已跻身于世界一流设计大学的行列[2]。

作为访问学者，笔者在芬兰赫尔辛基艺术设计大学进修的一年间，

---

[1] 张继娟 . 北欧风格与有机现代主义的家具设计 [J] . 中国家具，2004(12):16-18 .

[2] 彭亮 . 世界著名设计大学的家具设计教育模式初探 [J] . 家具与室内装饰，2003(6):10-12.

赫尔辛基艺术与设计大学

采访了该校校长和一些著名教授，对芬兰的家具设计教育模式进行了系统的研究。

1. 芬兰家具设计教学的特点

成熟的实践教学环节

设计教育不同于一般的教育，具有实践性很强的特点。参与实践，最终完成设计作品的制作，是设计教育的重要环节和最终目的。赫尔辛基艺术设计大学迄今为止已经有一百多年的历史，重视实践教学是该校的传统。目前，该校拥有的木材工作间、金属工作间、玻璃陶瓷工作间、塑料工作间等都可供学生进行设计实践[1]。其中，家具与空

[1] 彭亮．世界著名设计大学的家具设计教育模式初探 [J]．家具与室内装饰，2003(6):10-12.

间设计系的工作间几乎就是一个完整的家具工厂，所有的木工工具、小型电动工具、木工机床、烘干、油漆流水线以及吸尘设备等一应俱全，此外还有最先进的数控加工中心。在此，学生可以进行手工木工、机械加工、数控加工、油漆涂饰等全程的训练，并亲自在工厂中完成家具实物产品的设计与制作。在车间里负责指导学生制作的专业教师通常都有着很强的动手能力，在学院内享受着与其他教师一样的待遇。正是在这种完全的工厂环境和完善的设备支持下，以及高素质教师的指导下，才能培养出真正的家具设计师[1]。

例如，在赫尔辛基艺术设计大学进修时，笔者选修了研究生的家具设计课程，课程名称是“厨房家具设计”。该课程的教学过程为：首先，由 3 ~ 4 个学生组成设计小组进行讨论，每个学生提出自己的一些设计想法，并配以草图；然后是计算机辅助设计阶段，学生用计算机绘出家具的效果图和造型图，确定家具的一些尺寸；接下来学生进入车间，先是用硬纸板制作模型，因为这一般不需要机器设备，而且修改起来比较容易，却可以感受到三维的实际效果以及实物设计是否符合人体工程学的设计原则；最后，学生使用真实的材料在机器上进行产品的制作。此外，笔者还参观了该校家具设计系一年级和二年级学生的作品展览，这些作品都是一些纯木制家具和金属家具，制作工艺的精细让人不敢相信是学生的作品。由此可见，实践教学环节在芬兰家具设计教学中已相当成熟。

设计理论引领设计行业的发展

设计理论在我国的设计教育中普遍不受重视，但是在芬兰，设计理论已经发展成为引领设计行业发展的重要因素，尤其是工业设计理

[1] 孙亮．北欧等国的家具设计教育 [J]．家具，2002(10):21-22．

论已经相当成熟。赫尔辛基艺术设计大学工业与策略设计系的研究中心在欧洲乃至世界享有盛名，拥有来自世界各国，包括印度、韩国、巴西、墨西哥、希腊等国的多名优秀研究人员。该研究中心负责人创立的“以用户为中心”的工业设计理论被列为欧洲三大工业设计理论之一。为了表彰该研究中心为芬兰工业设计行业做出的巨大贡献，该研究中心的一位教授被评选为“芬兰 2008 年度最佳工业设计师”。将一位并非从事工业设计实践的研究人员评为年度最佳工业设计师，这充分表明了芬兰对设计理论研究的重视程度。对设计理论的重视是设计教育发展到一定阶段之后的必然。在设计教育领域，世界上设计教育比较发达的大学均是如此，都有自己一套完善的设计理论，并以理论指导实践、引领实践活动。

教授负责制

与我国的很多大学不同，芬兰的大学采取教授负责制。例如，笔者进修的赫尔辛基艺术设计大学的家具与空间设计系只有一位位教授 Simo Heikkil，他对系里的工作具有绝对的发言权，系主任只是辅助他的工作。具体来说，Simo 教授有权制定系里的教学计划；有权决定聘用哪些设计师作为系里的兼职教师，并对这些教师的工作作出评价；还在国际学生的录取中具有相当的决定权。此外，系里有一个木材试验室，主要负责研究木材的性质，这是该系的主要研究方向。而这个木材试验室负责人的人选也由 Simo 教授来确定，他还会经常对研究工作进行指导。总的来说，在赫尔辛基艺术设计大学，一个系的发展状况主要取决于系里的教授是否称职，而不是系主任。在芬兰的大学，教授直接对校长负责，这种教授负责制充分体现了芬兰在教育方面尊重专家、尊重权威的基本教育思想，从而大大减少了行政对教育教学的干预。

赫尔辛基艺术与设计大学图书馆 1

赫尔辛基艺术与设计大学图书馆 2

赫尔辛基艺术与设计大学楼道

赫尔辛基艺术与设计大学墙壁上的展示

设计师任兼职教师

为了让学生接触最新的设计思想、了解最新的设计动态、与设计界进行广泛的交流，赫尔辛基艺术设计大学还聘请了一些优秀的设计师任学校的兼职教师。这些设计师有的是为某个公司工作的设计师，有的是为多个公司提供设计的自由职业设计师。这些设计师作为兼职教师，一般每周到学校授课 1 ~ 2 次，有的是讲授某一门课程，但更多的是跟随某个设计项目为学生进行指导。

这些兼职教师在学校的教学中起着非常重要的作用。相对于专职教师来说，这些兼职教师的数量比较大，而且每年的入选者不同，是流动的。这避免了学校的教学内容多少年来一成不变的局面，可以不断补充新鲜血液，使教学内容和形式更加丰富和活跃，而且这些兼职

学生在操作机器

库卡波罗的早期作品

教师的设计经验十分丰富，大多在芬兰国内甚至在世界上具有一定的声望，这为学生开阔眼界、了解设计行业的最新发展提供了绝好的机会。在赫尔辛基艺术设计大学，从建校以来，这种聘请设计师任兼职教师的做法就成为历任校长始终坚持的一个传统。很多优秀的设计师也很乐于将自己的一些成功的设计经验与学生们分享，这不仅因为教师在芬兰拥有比较高的社会地位，而且因为赫尔辛基艺术设计大学在欧洲声望很高，能够成为这所学校的兼职教师也证明了设计师的设计才能得到了社会和学界的认可。

国际交流频繁

在赫尔辛基艺术设计大学，学校每年都会组织学生参加国际家具设计展览，如“意大利三年展”“德国科隆展”“英国伦敦展”等国际设计展，所需经费一般是由学校资助一部分，再向各基金会申请一部分。另外，除了参加这些世界级的家具博览会外，学校还会组织学生参加北欧的，甚至东欧、俄罗斯的家具博览会。这些博览会往往会伴随组织一些设计沙龙，为学生接触设计行业的重要人物创造了机会。学生通过参加这些博览会，不仅向外界展示了自己的作品，而且也极大地开阔了眼界。

赫尔辛基艺术设计大学在研究生教育方面，大量招收国际学生，所占比例大概为全部学生的一半；研究生教育阶段全部采用英语授课，这对教师提出了很高的要求；同时，还与欧洲、北美的一流设计大学之间建成了紧密的设计大学网络，在建立学生交换制度的基础上，硕士生、博士生可以到欧洲其他设计大学选修学分。

校内各系通力合作

赫尔辛基艺术设计大学设有家具与空间设计系、工业与策略设计系、实用美术系、服装与纺织品设计系、玻璃与陶瓷设计系，以及摄影系和美术教育系等。各系经常合作参加设计比赛或者进行某个设计项目。例如，笔者参加的厨房家具设计项目就是由家具与空间设计系与实用美术系合作的项目，由家具系的学生完成厨房家具的设计和制作，由实用美术系的学生完成厨房内所有厨具和餐具的设计与制作。再如，笔者参加的另外一个项目是在爱沙尼亚首都塔林举办的一个设计展览，也是由家具系和服装与纺织品系的学生共同完成的。那是一个非常有趣的、成功的项目，主要制作的家具是沙发，由家具系的学生设计并制作沙发的框架，由纺织品系的学生完成沙发面料的设计和制作。由此可见，校内各系通力合作是充分利用校内资源、互相促进的一个非常好的可资借鉴的经验。

深深扎根于芬兰的传统与文化

芬兰是一个年轻的国家，其设计历史不过百年，与中国五千年的历史和文化相比实在是很短暂，但是芬兰的设计教育仍十分关注本民族的传统和文化。芬兰是一个森林覆盖率很高的国家，芬兰人极其喜欢木材这种材料，其家具的主要用材就是木材。钟爱木材，研究木材，利用木材，是芬兰家具文化的一部分。笔者在赫尔辛基艺术设计大学学习时，教授多次强调家具设计选用材料时，一定要优选木材，因为它是芬兰家具设计的根基。就像一位著名的芬兰设计教授 Timo Salli

木材工作间 1

木材工作间 2

木材工作间 3

所言，“我们芬兰人是一只脚在城市里，另一只脚还在树林里”[1]。

在北欧的设计领域，重视手工工艺是其重要的传统。在芬兰，一个手艺很好的工匠，无论是经济地位还是社会地位都很高。芬兰有各种工艺学校，由于就业前途比较好，芬兰的年轻人很愿意进入这种学校接受训练，所以手工工艺并没有后继无人的担忧[2]。

与企业密切合作

芬兰的设计大学十分重视与企业的合作，这种合作关系是建立在

[1] 张继娟．北欧风格与有机现代主义的家具设计 [J]．中国家具，2004(12):16-18．
[2] 许佳．斯堪的纳维亚现代主义的形成与崛起 [J]．家具与室内装饰，2004(8):15-17．

互相信任、互惠互利的基础上的。一方面，学校为学生找到了接触实际、接触市场的机会；另一方面，企业也可以借此开发一些新产品，引入一些新的设计思路。

赫尔辛基艺术设计大学的设计项目一般都是与企业合作进行的。例如，笔者曾经参与的厨房家具设计项目，就是与一些生产厨房家具五金件的公司合作的，企业为学校无偿提供制作这些厨房家具所需要的五金件，而学生设计制作的作品进行展览时也是对这些家具五金件企业的宣传。再如，笔者曾经参与的另外一个项目是与生产厨房家具中的不锈钢台面板的公司合作，企业为学生提供设计材料和设备，而学生的设计作品归企业享有。

2. 与我国家具设计教育的比较

师资取向不同

正如上面所述，在芬兰从事设计教育的教师不仅能进行理论知识的传授，也能进行制作知识的传授；而且他们大都有自己的设计师事务所，在担任教师工作的同时，在社会上有一定的影响力，在国际家具设计舞台上十分活跃。而在我国绝大部分院校的艺术设计专业教师却处在相对封闭、落后和保守的文化与教育环境中，相对缺乏中西方文化和教育的交流，不能真正掌握一门外语，缺乏参与国际学术交流的能力，也缺乏实际设计工作的经验和有关市场、工程、新材料、新技术的知识。我国的许多设计专业教师从毕业留校任教开始，大半辈子都生活和工作在封闭的大学校园里，这导致教学内容和课程体系与设计市场的需求相脱离[1]。

[1] 彭亮．世界著名设计大学的家具设计教育模式初探 [J]．家具与室内装饰，2003(6):10-12.

教学方法不同

在芬兰的家具设计教学中，教师在充分尊重学生的设计取向的前提下，多以启发、讨论式教学为主，引导学生的设计方向，活跃课堂的教学气氛；而且要求家具设计专业学生的设计作业一定要做成模型或实物。这种方法对教师的教学水平和评判能力有很高的要求。

反观我国的设计教育，由于受经费等各种因素的制约，各种工作车间和实验室难以建立，学生的很多设计作品只能停留在图纸上。这导致学生的动手能力较差，极大地遏制了学生的创造力。由于难以将学生的设计作品制作成实物，所以很多学校将计算机绘图环节作为教学的重点。而实际上家具设计教育尤应避免使学生成为计算机的奴隶，因为电脑不是万能的，它只是 21 世纪人人都必须掌握的一种工具。同时，家具设计教育成功与否的衡量标准不应该建立在能否画出一张漂亮的效果图、能否设计出一个漂亮的形态上，而是在于能否为人类的生活方式提供满足条件、为人类的审美要求提供满足条件以及为加工工艺的环保手段提供满足条件（包括新材料、新工艺的利用和开发），这才是真正意义上的家具设计。要实现这一点，就一定要为学生提供能够将设计作品制作成实物的机会。

教学体系和课程内容不同

芬兰的家具设计教学体系借鉴了欧洲其他国家的经验，从大学一年级的设计基础课程到大学高年级的设计项目课程，再到研究生的设计课程，形成了一套完整的设计教育课程体系；同时，在课程讲授语言方面，推行双语教学。而我国在家具设计教学体系与课程内容方面，很多学校还没有真正构建起与国际接轨的现代家具设计课程体系，仍然存在着教材老化以及课程教学内容陈旧、滞后于科技进步和现代家具工业的发展等问题。由于理论与实践相互脱节，所以我国设计专业的学生动手能力相对较差，而且从专科、本科、硕士到博士，各层次

学生制作的作品 1

学生制作的作品 2

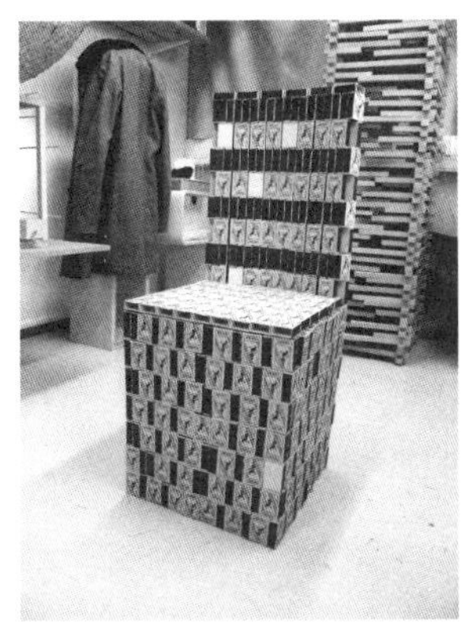

学生制作的作品 3

学生在贩卖自己的作品

的设计教育都还未完全实现培养学生将设计转化为产品的能力，专科、本科学生停留在完成平面家具设计图纸的层面上，硕士、博士研究生则局限于完成纯理论型学位论文层面[1]。

3. 启发与借鉴

注重培养学生的创造力

家具设计教学的核心是创造，是开发学生的想象力和训练学生的

[1] 彭亮 . 世界著名设计大学的家具设计教育模式初探 [J] . 家具与室内装饰，2003(6):10-12.

创造性思维方法，是培养善于思考、懂得科学原理、具有艺术创造和表达能力的发明者。因此，我国的家具设计教育要培养的不只是学生的表现技法，还应包括创造能力、理论素养、认识能力、分析和解决问题的能力。

强化实践教学环节

家具设计专业教师组建自己的设计工作室或设计公司，是教师不断更新专业知识、参与社会实践、提高专业教学水平的重要途径。因此，我国的家具设计教育应该借鉴芬兰设计教育的做法，配备家具制作室或家具实习工厂，让学生在专业教师和制作室工人的指导下，结合课程要求，亲自动手制作家具；应积极建立校外实习基地，让学生较早地熟悉企业，了解专业的工作性质和内容，从而增强学生从业的信心[1]。

借鉴先进的教学方法

芬兰的家具设计专业十分重视与建筑、室内设计、工业产品设计等学科的交叉与整合，注重传统手艺与现代工业技术的结合，注重人体工程学的研究，注重艺术与技术的结合，强调设计理论与工程技术并重，这些都是值得我们吸取的长处[2]。

总而言之，设计教育建立一个完善的教学系统是非常必要的。这个系统应是有序的、良性的、优化的和可持续发展的，要能够与时代、社会发展互动，而不是封闭的。家具设计不能重蹈片面追求表面形式的覆辙，要避免陷入单纯强调木材加工的泥潭。应该努力将西方先进的设计理念移植到我们有着五千年灿烂文化的土地上。这才是我们提高设计水准和设计教学水平的努力方向。

---

[1] 宫艺兵，王丽莹 . 中外家具设计人才的培养模式与思考 [J] . 中国家具，2007(8):15-17 .

[2] 同上 .

Ⅱ 设计面对面

1 从冰块灯中走出的设计天才 Harri Koskinen

在芬兰，一进入 11 月，下午 3 点天气就开始转暗，人的身心也跟着消沉。比起开灯，我更愿选择使用玻璃烛台：气氛比电灯美，也可以点亮我的心情。芬兰的冬天晦暗而漫长，玻璃烛台登场的机会自然也不少——它们种类繁多。在这些玻璃灯具中，有一款相当别致精妙，这就是 Harri 的成名之作——冰块灯。凝视这盏灯，你可以发现，在透明坚硬的冰块中透出的点点灯光，仿佛在寒冷的冬夜中让人看到了家中那盏温暖的灯，让人心中不禁生起一份暖意。

这盏灯就像一块敲门砖，让 Harri 还在学校的时候就获得了一些委托设计，这对于年轻的产品设计师来说是非常难得的。Harri 讲话速度非常快，可以看得出他是一个非常活跃的人。从学生时代起，他在选修课程的同时就与国内一些大企业建立了联系。芬兰设计大学的一些课程是实际的设计项目，学生会在完成这些课程的同时与公司的相关人员建立联系，表现优秀的学生就会获得公司的青睐，被公司看中并聘任，Harri 就是这样一步一步从国内慢慢走到国际设计舞台的。

冰块灯

H：那是 1997 年，在工业设计系，我们当时有一些课程是和一些公司合作，例如 littalla，我从这一课程中获得了奖学金。我在这个公司的一个玻璃工厂里面待了三个月，我当时是一边在学校上课，一边进行这种与 littalla 的合作，实际上是作为一个自由设计师。这样过了一年，他们决定雇佣我，那是 1998 年的 1 月。我在那里工作了四年，作为 in-house designer，主要设计玻璃制品。同时我还和大学里的同学在米兰做了一个设计展览，因为那个展览，我获得了一些国际上的客户，而当时因为设计冰块灯，我已经和瑞典的一家公司取得了联系，签订了生产合同，并开始投入生产。

到了 2000 年，我建立了自己的公司，并和 littalla 签订了一个协议，可以向它的竞争对手提供设计，所以我同时拥有自己的工作室，又为 littalla 工作。到了 2001 年，我变得非常忙碌，所以决定成为一个自由职业设计师。我辞去了 littalla 的工作，我现在只接受委托设计任务。我的第一个个人设计展览是在日本东京，2000 年，当时他们有一个想法，想展示北欧设计师的设计，想展示新的设计和不同的设计文化。

我想最初和 littalla 的一段合作给我后来的职业生涯带来了很多

木质桌椅
椅腿和桌腿的设计延续了阿尔托凳的做法，靠背和座面连成一体，中部收缩的设计有蚂蚁椅的影子。

玻璃器皿
蘑菇的形态，深蓝色的色彩，使整个设计安静而深邃，宛如夏日夜空。

木椅
座面下的结构设计是整把椅子的亮点。交叉形的结构，半隐藏在座面下部，简洁利落。

好处，奠定了基础，因为这段经历使得我在一毕业就有了很好的工作，对于刚毕业的学生来说，谋生是不容易的。因为对于产品设计师来说，并没有太多的职位。

从 Harri 身上，我感受到芬兰年轻设计师的活力和变通能力。芬兰这个民族以勤恳扎实、擅长默默做事而闻名欧洲，但是作为设计师，想要很快被世界认可，除了要有非常优秀的作品之外，很重要的就是强大的社交能力和团队合作能力。对于年轻设计师，Harri 提出了一些建议。

H：我想他们必须非常活跃、积极，我想有很多设计师可能在公司里获得了很好的职位，但是如果有一些设计师想要成为独立设计师，建立自己的工作室，那么他或者她必须非常活跃积极，具有创造性，因为公司没有太多的时间让设计师拜访公司、研究公司的情况，所以你必须快速呈现你的设计，这对设计师的要求很高。建立自己的网络对于独立的设计师也非常重要。

Harri 已经建立了自己的设计团队，由于他在国内外已经有了声望，一些国内外的客户会慕名前来。Harri 取得的成就在年轻设计师中比较罕见，他是芬兰冉冉升起的设计明星。Harri 来自芬兰的乡村，家里没有其他人从事和艺术设计相关领域的工作。谈起他的设计理念，他说要感谢自己的家庭背景，让自己的设计朴实无华，却历久而弥新。

H：也许因为我的背景是乡村。我的家没有奢华的装饰，是典型的芬兰乡村风格设计，同时我也接受了很多功能主义的、实用性的设计理念。这些是基本的东西，我也会努力追寻创新的、现代的、与过去不同的设计原则，我的新产品都是在这样的原则上设计出来的。为人们的日常生活来设计，这样的产品就很好，让人们的生活品质变得更好，这样的设计就很有意义。

我有自己的一些原则，但是很多时候完全按照自己的意愿是不可能的。首先，所有的事情都要看客户的需求。幸运的是，我的客户水平都非常高，他们从不提过分的要求，不会做一些可笑的事情，他们都在做实际的事情，而不是追求一些华而不实的东西，和他们一起工作的过程也是一个学习的过程。

来到芬兰以后，我经常思考芬兰设计教育和中国设计教育的不同，我们应该从这里学习什么。我发现，其中最大的不同就是动手能力的培养。芬兰从小学生开始就会让孩子做一些手工。我曾经在一个定居芬兰的师长家里看到他们家 8 岁小朋友制作的小板凳，工艺相当精巧，这让我惊叹不已。对于学习设计而言，动手能力非常重要，你可以亲身体验、理解设计是什么。Harri 回忆起他的一次暑期工作，他说这对于他的职业选择起到了非常重要的作用。

H：我的童年就是在一个小乡村里度过的。读高中的时候，我发现做设计师是一件很酷的事情，那么有创造性、有激情的工作，我觉得可能会很有趣。我们这里的年轻人都会在暑假做暑期工。有几个暑假我和我叔叔一起工作，他给人家建房子，就是夏天度假的那种木房子。有三个暑假我都在帮助他建房子，我们在拉普兰用原木建造房子，那个工作很有趣，但是要求非常苛刻，所以我打消了做建筑师的想法。后来我进入了拉赫蒂设计学院，那里的教学非常实际，我大部分时间都在工作间里待着。我们所有的设计都要自己制作完成，我发现了极大的乐趣，这是非常适合我的一项工作。

我在芬兰见到了很多设计师，在和他们的交谈中，我经常听到一个词，叫作 Prototype，就是我们所说的概念设计。不同的设计师对

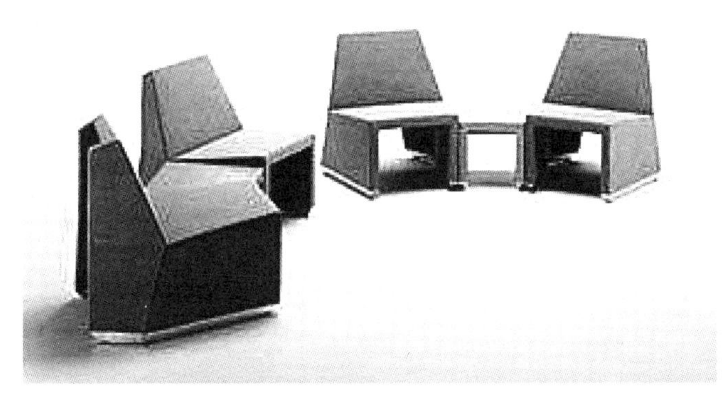

靠背椅
几何造型，座面和靠背都呈现梯形。整个椅子以面造型，简洁利落。

沙发
省略靠背，扶手非常低矮，四条腿落地，极简主义设计风格。

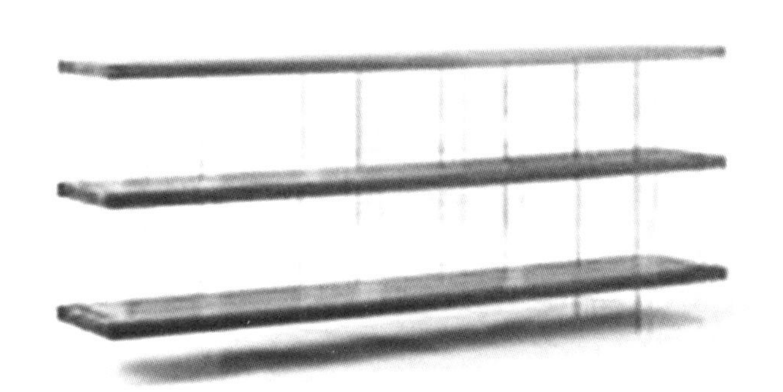

木质陈列架
简单的三块板中间用金属杆连接，细细的金属杆似有若无，整件家具仿佛漂浮在地面上。

于概念设计的态度不同。一些人不屑，认为这是一种无奈之举，也有一些人认为概念设计很重要，并非毫无意义，一些非常优秀的设计都来源于概念设计。Harri 有自己的见解。

H：我觉得概念设计非常具有吸引力。概念设计虽然不是做实际的产品，但是非常有趣。你提交一个想法，公司从中获得一些有益的东西，他们再进行实际产品的设计。我记得，我们曾经为 Nokia Tyres 公司作概念设计，这个公司 50 年前是诺基亚的一部分，他们生产轮胎、皮靴、电线，都是和橡胶有关的产品。后来它们分开了，现在这个公司只生产轮胎。有一年春天，他们找到我们作概念设计，给我们三个月的时间，要求做一些不一样的东西，做一些其他竞争对手没有的东西。当时我们就想，怎样才能不同？首先我们做了市场调查，对使用不同汽车的用户进行采访，他们选择这些汽车跟轮胎是否有关，客户对于轮胎的要求是什么。我觉得这个工作非常有趣。这种设计是将材料、市场、客户心理、设计等融合在一起，是一项工作量比我想象的大得多的工作。我们完成后为客户做了一个展示和陈述，他们非常满意。实际上这个设计跟橡胶这种材料没有太大的关系，主要是研究客户的行为，研究怎样才能让他们购买新的轮胎，同时我们在陈述中展示了一些轮胎的设计图。

家具设计是非常有挑战性的事情。一件家具可能会生产上百万件。因此，为什么要设计制造一把新椅子这个问题就变得非常重要。要认真掂量，应该有一个好的历史、好的背景来创造任何一把椅子，在你真正设计之前，必须要先做研究和试验。

H：对于我而言，设计一件东西当然希望它是新的面貌、新的形式，但是一把椅子真正获得成功可能只有 0.5% 是因为新的形状，更重要的是造型以外的东西，有关结构、有关生产的部分、涉及的技术部分更加重要。新椅子要具有生态性，减少浪费，我总是寻求造型以外的创新性，那是更具有挑战性的。

一位设计师应该怎样工作？是坐在办公室里，从早上八点开始工作，不停画图，还是身处大自然之中，游山玩水，从自然中获得灵感？不同国家、不同地域的设计师估计会有不同的答案。芬兰自然环境极其优美，这是孕育优质设计的摇篮。我见到的很多设计师都会说自己从自然中获得了很多，也有一些人不以为然，认为那是老生常谈。

H：我很喜欢那种闲暇的休息的感觉，那也许是我获得灵感的时候，我会思考。这种平和的感觉、安静的状态对我来说是非常重要的，就是什么也不做。如果从早晨八点开始，一直工作，一定会丧失创造性。很多设计师都说会从自然中获得灵感，对我而言很难，当然我也很喜欢亲近自然，我会做很多活动，比如打猎、钓鱼等。我的工作模式：我不是从画图开始我的设计，而是思考；思考会花去很长的一段时间，通常在我的脑子里设计已经成形后，我才会画出草图，然后同时考虑一些细节部分、结构和构成；但是我更喜欢和助手、同事讨论我的设计，在讨论的过程就会产生一些新的想法，那样可能效率更高。

2 设计多面手 Ilkka Suppanen

从一个设计师的作品中我们大致可以看出他所受的设计教育。在芬兰，通常设计师所接受的不是单一的教育，如产品设计师同时也会学习空间设计的课程，家具设计师同时也学习服装设计，多种设计教育背景使得设计师未来的设计领域可以更广阔。这得益于芬兰灵活的教育体制，很多人可以同时修两个学校的课程。Ilkka 就是这样一位设计师。他 1988 年进入理工大学学习建筑，第二年又考入 TAIK 学习家具和室内设计，这使得他获得了比别的设计师更多的工作机会。

I：建筑师是一种有别于产品设计师的非常不同的职业，所要接受的教育也非常不同，虽然都是有关于设计，但是建筑设计拥有更长的历史，大约有六千年的历史，这可以说是一个古老的行业。换句话说，就是设计师们花了六千年的时间来不断寻找和发展建筑设计的各种方法，包括建筑设计教育方法。而家具设计、室内设计和产品设计却是一个非常年轻的行业，在芬兰可能只有 60 余年的历史。在这之前，我们只有建筑师，没有设计师，所以从这方面来说，它们两个是如此

不同。即使在这之前我们已经有了自己制作的一些家具和一些日常用品，但是那是一种手工艺，而不是一种工业化的生产，不能称之为设计，所以我为自己可以学习到这两种不同的设计而感到十分幸运。

得益于多种设计教育背景，Ilkka 工作室的设计范围非常广泛，从建筑设计、室内设计、家具设计到首饰设计，这些看起来差异非常大的设计领域，如何能够全部做好呢?

I：从建筑到首饰，对我而言，只是尺度的不同而已，而且我还雇用了一些设计师，他们也可以帮助我。

对于芬兰的很多设计师，“功能主义”“不过时的”“符合生态的”这些都是他们追求的主要目标，有些设计师还会刻意标榜自己的设计哲学，对此，Ilkka 不以为然。

I：我实际上没有什么“设计哲学”，那样会很糟糕，那就像是在你的每一个设计项目上都贴上一个标签一样，而每个设计项目都是那么的不同，尤其是我做的这些项目。我总是试图为每一个单独的设计作品创造一些新的价值，一个杯子和一张桌子是非常不同的，当然在它们后面一定会有一些共同的特点，但是我不会故意去创造一种设计哲学。也许从别人的角度看，我的设计具有某种设计哲学，但是我想北欧的设计师本身就具有一些共同的特点，因为我们具有相似的文化背景。但是我从未在设计前思考，我是一个北欧的设计师，我需要怎样做，很多事情只是自然地发生而已。

目前在中国，有很多人非常崇尚意大利的设计，每年的米兰设计展都吸引了大批前去朝圣的人，芬兰设计师如何看待意大利设计呢?

Hiwave 灯具
我乐意尝试各种材料，Ilkka 也愿意做各种有关材料的研究，不断寻找新的材料，像这个 2002 年为瑞典 Snowcrash 公司设计的灯的材料实际上以前是用在帆船上面的，Ilkka 经常借用其他领域的材料，用在家具和产品设计上面。

Perho
2008 年为日本公司 E&Y 设计。

Airbag
1998 年为瑞典 Snowcrash 公司设计。这个椅子可以在室内外使用，可以调节的带子意味着椅子的靠背角度可以调节到使用者觉得舒服的位置，其材料常用在运动装备上面，非常结实耐用。这也是从其他领域借用材料的典范。

Loop
2007 年为意大利公司 Fornasarig 设计，框架由榉木制成。这把椅子被选中作为“为吃而设计椅子”设计项目中的七把椅子之一。

I：意大利有世界上非常好的家具设计公司，品质一流，品位一流，也因此米兰仍然是世界展览之都，这多半是意大利设计公司的功劳，是一群设计师努力的结果，而这群设计师来自世界各地，其中包括美国、日本和欧洲各国。所以当我们说意大利设计的时候，其实不只是意大利设计师的设计，而是世界各国设计师的设计，当然有很多优秀的老一代的意大利设计师，但是年轻的目前在意大利非常活跃的优秀设计师多半是外国人，所以现在的意大利设计实际上是来自世界各地的优秀设计。

Ilkka 曾经在美国、日本和欧洲各国举办过展览，并且获得过多个设计奖项，其中比较重要的有：2001 年获得芬兰年轻设计师奖，并在当年获得了三年的由政府资助的年轻艺术家津贴；2006 年获得在欧洲非常有名的马蒂森奖，由瑞典马蒂森基金会颁发。他合作的公司及客户遍布世界各地，其中不乏有名的公司，包括意大利的 Cappellini、芬兰的 Artek、日本的 E&Y 等。Ilkka Suppanen 是芬兰年轻设计师中的代表人物，他的国际化的设计足迹向世人宣布芬兰的设计正在走向世界。

不同国家的人们行为方式有所不同，如何与来自不同国家的客户打交道，Ilkka 也有一些自己的看法。

I：比如说意大利人的做事方式是依赖于关系，德国人非常直接，美国人也是这样。但是与美国公司合作的问题是他们并不十分清楚什么是设计，他们没有什么设计的传统，你需要在合作中不断地学习，总结经验，然后慢慢了解该如何和他们打交道。而日本人的行为方式对我来说有些费力，有时很难了解他们真正的想法。比如说，日本人从来不会直接说“不”。我有一次和一个日本公司合作，在选择沙发面料的时候，我说我想要蓝色的面料，他们回答说他们没有蓝色的面料。

后来我才明白事实上他们不是没有这种面料，而是他们不同意你的观点，你就得做出某种妥协。当然这种妥协不应该是你单方面的，他们也会慢慢了解你做事的方式，我们彼此会慢慢磨合。东西方文化具有很大的差异，但是好在芬兰处于东西方之间，我们可以比较容易了解双方的想法。

我在芬兰拜访每一位设计师时，最后都会问到他们对中国的了解，以及对中国设计的看法。Ilkka 的回答代表了很多芬兰设计师的看法。

I：我对中国了解得不是很多。我去过香港和深圳。香港是一个兼

Flying Carpet 飞毯椅
1998 年为意大利公司 Cappellini 设计。这把椅子的模型制作经历了一个很长的过程，Ilkka 花费了很多年来对其不断进行改善，如何使其具有足够的强度，而且同时要足够灵活，实际上是一个非常艰难的设计过程，因为要一个一个地制作模型，然后进行测试。这非常花费时间，但是也有一个好处，就是没有人可以抄袭。这个作品最终获得了成功，在意大利的 Cappellini 公司投入了生产。这个公司虽然不大，但是在世界上非常有名。一旦和这个公司有过合作，就像是拿到了出名的门票一样。

具东西方文化的城市，非常令人兴奋，工作生活节奏都很快，也让我们感到很疲惫。深圳可能才能代表中国，它和香港又很不同。我知道深圳在（20 世纪）80 年代只是一个小渔村，后来迅速发展成一个现代的都市，我想那里一定是一个机会与冒险并存的城市，一些人会非常成功，可是难免会有一些人遭遇失败。无论如何，中国是一个让设计师兴奋的国家，因为它在不断地发展壮大，需要创造性的工作，是否具有创造性一定会成为这个国家是否具有竞争力的最终决定因素，这就为设计提供了一个巨大的舞台。当然在最初阶段模仿别人的设计也是必要的，但是我觉得对中国来说，现在是建立自己的设计特色的时候了。总而言之，我对中国还是十分感兴趣的，希望可以和中国的公司建立合作关系。我觉得和中国的合作最困难的部分是互相理解和沟通，建立一种彼此信任的关系。这是最具挑战性的部分。

3 设计教育家 Karrle Holmberg

Karrle Holmberg是芬兰的中生代设计师中的佼佼者，成就斐然，年轻时的经历起到了非常重要的作用：他大学毕业后先为著名设计师西蒙做助手，然后又为库卡波罗做助手，1986 年，获邀到拉赫蒂设计学院任教至今。Holmberg 不仅是一位设计师，也是一位非常出色的教师。Holmberg 是我在芬兰见到的设计师中在设计教育方面花费时间和精力最多的，除了讲述成为成功的设计师的经验，Holmberg 与我分享最多的还是教育方面的经验。

K：我做了 20 年设计，积累了很多的经验。当我看到一个学生的草图并听他讲述自己的观点之后，我马上就清楚他是不是一个适合学习设计的人。我也很清楚如何教设计。要搞清楚设计是怎么一回事非常难，包括工艺等每一个与设计相关的东西，所以这就要求教师经验非常丰富。我所有的有关教学的东西都是从库卡波罗那里学习到的，我努力追随他的设计和教学思路，因为我经历了从年轻到不断成熟这样的一个过程，所以我非常容易理解现在的年轻学生的想法，也知道如何避免出现各种危害设计的问题，这些都源于我的经验。我是拉赫蒂唯一一个不是老师的老师，我没有受过教师的正规训练，所以我认为要想成为一个好的老师首先必须是一个经验丰富的设计师，而不是获得教师资格证书——这就是芬兰目前体制上的一个问题，那样的老师并不能给予学生想要得到的东西，我知道学生需要的实质性的东西，我总是使用我自己的设计来教授学生，对我来讲这是一个最好的方法。我认为在某种程度上，使用他人的设计来讲授是错误的，因为有些人的设计你并不喜欢，那么为什么还要介绍给学生呢？而如果你在设计中也出现了错误，你可以跟学生说："原谅我吧，因为什么原因导致这个地方的设计是错误的，你们在以后的设计中一定要避免出现类似的错误。"

一个国家设计实力的提升，归根到底来自于设计教育水平的提高，中国近年来大量招收设计类学生，看起来一片欣欣向荣的景象，但是师资水平却参差不齐，这就使得设计类学生在校学不到相关知识，毕业后难以从事设计类相关工作。芬兰的设计教育无疑走在世界的前列，中国也有很多专家教师每年来芬兰学习先进的设计教育体系。Holmberg 作为一个资深的家具设计专业教授，长期从事一线教学工作，而且也是芬兰数一数二的著名设计师，他的很多见解对于中国设计专业的教师具有借鉴意义。

K：在全世界有很多国家有非常好的设计教育体制，如德国、英国、意大利等，其设计教育体制各有不同，我也经常从那里吸取好的经验，在了解所有这些优秀学校的设计体制之后，我创造了 Lahti 的家具教育体制。我个人认为我的方法取得了非常好的效果。有天分的学生无论在哪个学校都会发光，但是我所关心的是那些不那么具有天分的普通学生，他们可能会直接受到教学方式的影响，我希望他们也可以成为非常优秀的设计师。芬兰的家具行业和教育体制还存在一些问题，

学生工坊 1

学生工坊 2

学生在制作样品

想要解决这些问题就依赖于政府的决策。我的想法是我们应该首先减少设计大学的数量，因为我们是如此小的一个国家，没有那么多优秀的老师来讲授设计。我有一些在政府工作的朋友，我会经常给他们讲自己的想法和建议，我相信在不久的将来，我们的政府会着手进行改革。但是改革不是一件容易的事情，如何安置这些教师就是一个大问题，但是要想使整个行业的水平提高，就必须进行改革。

著名的设计师、艺术家一般都会具有自己独特的风格或者个性，作为一名设计师，这没有问题，但是作为一名教师，你会面对不同的学生，学生的设计风格也千奇百怪，教师在面对自己不太喜欢的风格的时候，应该如何对待呢?

K：当我年轻的时候，我喜欢每个人都按照我的想法来做设计，因为我觉得我对于它已经非常了解了，为什么不改成我喜欢的那种方式?但是库卡波罗从来不这样做，如果教授都让学生按照自己的思路来做设计，学生就会被毁掉。我也曾和其他的一些教师讨论过这件事情，我发现一些年轻的老师很喜欢把自己的想法强加于学生，我就会告诉他们，千万不要这样做，如果学生做的设计您不喜欢，那就努力让他很好地完成，然后看看那种方式的结果会是怎样。举个例子吧，曾经有一个非常好的男孩，他学习非常勤奋，在整个学习过程中，他所做的设计都和别人的截然不同，学校的其他老师都因此而远离他，但我一直给他很多的建议，但是却并不是直接否定他，而是鼓励他完成现在的设计，后来他转到了汽车设计系，毕业后在日本丰田汽车公司获得了非常好的工作。他毕业后的一个夏天打电话给我，对我说，您是唯一一个鼓励我的老师，非常感谢您！通过这个例子我得出这样一个结论，那就是我们教师应该对我们所说的一切非常谨慎，您的言行可能会造就一个学生，也可能会毁了一个学生。

学生制作的样品

芬兰的家具市场环境这几年也在发生着重大的变化，对于设计师来说，黄金时代已经过去，设计师面临的竞争和生存压力越来越大。

K：十年前，我们不需要对产品的价格过多地关注，当时即使价格比较贵，因为没有其他可选择的余地，所以市场销售情况仍然比较好。但是当意大利的设计师和公司来到这里以后，他们无疑可以提供品质非常好的设计，同时生产量还非常大，那么生产成本就会降低，我们芬兰的比较好的设计师可以一年销售 1 万件，而他们可能一个月就可以卖这么多，所以竞争变得十分激烈，大概是五六年前开始出现这种情况。而且另一方面，出现了越来越多的设计师，我的很多学生都成了设计师，在 1992 年经济出现衰退之前，我们芬兰大约有十家左右比较大的家具设计公司，而现在规模都变得非常小。在那个十分美好的年代，库卡波罗所处的年代，根本没有什么设计师，只有一个学校培养设计师，当我读书的时候，我们班级只有 7 个人，而现在很多学校都在培养设计师，每个人学了一点设计都在尝试设计产品。

教室

设计的创新在芬兰是一个很微妙的事情，芬兰的年轻设计师们追随祖辈建立起来的设计风格，功能性强，造型简练，不太敢贸然谈论创新，事实上芬兰的很多外部机制实际上制约了年轻设计师的创新能力。

K：每一个时代都会有几个非常有天分的设计师，他们的设计起初与他人是那么不同，甚至没有人喜欢他的设计，但是很快大家都在跟随他或他们，他们创造的是真正的新的东西，他们不跟随潮流，因为他们本身就是潮流，20 世纪 90 年代是飞利浦 · 斯塔克，而在六七十年代的芬兰是库卡波罗，在他之前是塔佩瓦拉。而现在的芬兰却没有这样的领军人物了，其中的原因也因为公司的竞争加剧，公司不愿意冒风险尝试新的东西，例如他们在找我做设计之前，基本上已经了解我的设计风格，他们会要求我设计与以前的作品类似的东西。他们不会这样直接说，但是他们期待这样的作品。在库卡波罗的年代却不同，因为他比同时代的设计师要出色很多，所以他可以根据自己的想法来尝试新的设计，公司也愿意让他来做这种尝试，因为他很早就成名，而且在芬兰家具领域占据第一的位置有五十年之久，所以对于他来说情况是完全不同的。而现在如果想变得十分有名，必须要借助于媒体，如果媒体对你根本不感兴趣，那么你就很难让别人了解自己，这是一个愚蠢的体制，但是这就是现实。

约里奥·库卡波罗是芬兰家具设计的一代大师，在芬兰有数不清的设计师都是他的学生，他的影响力从 20 世纪 50 年代一直持续到今天，Holmberg 也是库卡波罗的学生，后来还有幸成为他的助手。

K：当我在 TAIK 学习的时候，库卡波罗是我的老师，当时他非常忙碌，主要忙于自己的设计工作，没有太多的时间来教我们，而他的教学方法是如果你不发问，他是不会主动给你讲什么的；而且他当时已经非常有名气了，学生们也已经有些畏惧他的名气，所以很多学生从他身上获得很少的知识。后来我毕业后去他的工作室做助手，他教了我很多，他是将设计、教学、绘图和生活融为一体的人，他的生活就是工作，工作也是生活，他会从各个角度给你讲什么样的设计才是一个好的设计，用非常简单的方式，所有的事情都在他的脑袋里，所有的细节。他工作非常勤奋，每天早晨八点钟，他会准时来到他的工作室，从不迟到。有一次他刚来到工作室，看我昨天画的图，他从很远的地方就指出我的一个椅腿的尺寸画得不对，宽了 0.5mm，我当时还在狡辩，可是后来证明他是正确的。他就是这样的一个认真的人，每件事情都必须完美，不能有丝毫差错。

4 设计手艺人 Mikko Lakkonen

北欧四国大部分地区被森林覆盖，森林里树种丰富，所以在北欧很自然拥有深厚的木作传统，那里有一流的木匠。北欧四国都非常重视手工艺，芬兰更是一个具有优良手工艺传统的民族，在芬兰的集市里经常可以看到各种精致的手工艺品，包括手工刀具、木雕、各种小的木制品、玻璃制品等。芬兰的设计教育也非常重视学生动手能力的培养，那里的学生比的不是谁的设计有创意，谁的效果图画得好，而是谁做的模型好。刚到芬兰不久，我就去参加了一个大一学生制作的金属家具的展览，制作相当精良，让人不敢相信是学生的作品。

在芬兰有很多设计师都可以自己制作模型，Mikko 就是一位这样的设计师。他很喜欢弹吉他，所以就开始学习自己制作吉他，他学习了三年。现在，他制作一把电吉他大概需要三周，制作普通的木吉他需要时间长一些。这种手工经历让他对材料的了解更加深入。

L：我很关注新的材料（拿出一个纺织品），这是一种非常新的材料，一般的纺织品都是二维的，但是这种是三维的，就是纵向也可进

木椅
设计竞赛作品。这把椅子中集合了一些旧的东西和新的东西，这是20世纪50年代十分流行的椅子的再诠释。橡木。

杂志架
普通的杂志架杂志都可以看见，因为杂志有各种颜色，所以会觉得十分混乱。这个杂志架设计的想法就是把杂志遮住，这样就显得比较整齐。

带图案的煎锅
煎出来的食物带有图案，具有装饰感。

行编织，所以你就可以压制出各种凹凸的图案。现在这种材料被用在汽车座椅上，我想把它用在床垫上，内部放置一些灯，这样就可以躺在上面看书了，不需要额外的照明。但是现在的问题是材料非常昂贵，主要是这种灯非常昂贵。我很喜欢在设计中将传统的和现代的材料放在一起使用，而且选对材料很关键，你的材料必须要为你的功能服务，要为你的设计服务，我们不是卖材料，而是卖设计。

中国设计界非常关注的一个话题就是中国现代的设计如何保留中国的风格，也许是因为我们拥有太长太丰富的历史和文化，我们始终难以放下这个包袱。芬兰的设计师和我们的想法却不同。

L：从某个角度来说，不同国家的设计师应该保持自己本国的风格，但是设计师还应该拥有开放的心灵，如果一个设计师去某一个地方住一段时间，很有可能他的设计中就会带有那个地方的一些东西。作为我来说，我从来没有仔细考虑我应该如何保持芬兰的风格，那对我来说不是问题，因为无论如何我都是一个芬兰人，我变不成意大利设计师。作为设计师最聪明的事情就是，保持自己的风格，而且要研究合作公司的风格，努力使自己的风格和公司的风格相配合，这样就可以获得成功。我见到的很多成功的设计师都是这样做的，像 Harri Koskinen，但是如果只配合公司的风格，每次都改变，或者坚持自己的风格，不理会公司的需求，都不能获得成功。

芬兰的设计以功能性而闻名于世，尤其是库卡波罗这一代的设计师。库卡波罗曾经说过："设计一个造型美观的椅子并不难，难的是这把椅子功能性很强，可以被人们使用和喜爱几十年。"新一代的设计师一直坚守这一原则。在芬兰，在北欧，看不到特别"出格"的设计，但是新一代的设计师也一直在探索功能以外的东西。

L：芬兰年轻一代的设计师与老一代的设计师基本没有什么根本性的差别，老一代坚守的原则新一代仍然认为十分重要，当今的设计和20世纪五六十年代没有什么差别。但库卡波罗那一代总是强调人体工程学，我觉得设计除了人体工程学还有很多内容，人体工程学是设计所必须考虑的，但是不是唯一需要考虑的。我做设计的时候，认为最重要的还是功能，虽然这很老套。另外，我觉得美观也很重要。

设计师要想被大众了解，离不开媒体的宣传。中国年轻一代的设计师也非常重视媒体的宣传作用，有的设计师一年中有半年时间是在应付媒体，扩大自己的知名度。芬兰设计师当然比我们更早就认识到媒体的重要作用。

CD、杂志架
消费者可以根据自己的需要购买，可以买一个或者多个，可以放CD、杂志等，钢制。已经在意大利的公司投入生产。

L：有人认为媒体会毁了设计师，我不这样认为。媒体对于设计师的作用还是非常重要的，关键是要找对杂志。如果可以在很好的杂志上进行宣传，对于设计师来说是一件非常好的事情，像德国的DOMUS，可能会给设计师带来很好的工作。DOMUS 上有一篇介绍我的文章，我就因此获得了委托设计任务，但是关键是世界上这样好的杂志并不是很多。所以我认为关键的一点是，设计师要专注于自己的设计，做自己的事情，同时获得一定程度的曝光。

5 热衷于设计佩饰的家具设计师 Sarra Renvell

Kukka

在芬兰的设计大学里，女生倾向于选择室内设计，男生倾向于选择家具设计和其他产品设计，因此工业设计师主要都是男性，女性设计师寥寥无几，而 Sarra Renvell 是为数不多的喜欢做产品设计的女性设计师之一。她见到我时送给我一个礼物，就是 Kukka。这是一个可以戴在衣服上的反光花，因为芬兰秋冬季节非常阴暗，反光花可以产生反光，司机在很远就可以看见行人，自动避让。

在芬兰的设计大学里，有很多学生在正式进入大学学习之前，基本都会有一段在工艺学校学习的经历。Sarra Renvell 也是这样。谈起这段经历，Sarra 觉得在工艺学校的学习非常有必要，她受益良多。

S: 工艺学校和 TAIK 在教学上有很大的不同，虽然讲的都是家具，都是设计，但工艺学校更多强调的是基本的技能，非常传统，讲求的是家具的功能性，而来到大学，讲得更多的是概念性的东西，更加自由开放地去创造，“让我们来设计一件别人从来没有做过的东西吧”。我最初不知应该怎样做，但是当我遇见了一些非常具有创造性的、非常出色的人之后，我慢慢开始了解创作是什么。我现在觉得能够拥有在工艺学校学习的背景非常好，那使我从最基本的技能学习开始，那里教授的东西非常接近实际。在那里，每一个模型都要由自己制作，你必须了解如何使用机器，了解每一个细节，脚踏实地学习最基本的东西。这从我的个性来讲，是一件非常有益的事情。四年之后，基础就变得非常扎实。这对日后创作、对于材料的理解和使用非常有益。

Kukka 虽然是一个小小的装饰品，但是却非常成功，我曾经在赫尔辛基的设计博物馆商品部里看见这个产品，当时就觉得非常漂亮，没有想到竟然是 Sarra 的作品。Sarra 说，这件作品之所以受到大家的喜爱，材料的选择起到了非常重要的作用，而这件作品的问世也相当偶然。

S：这个表面的反光材料实际上是用在路旁的交通标志牌上面的，司机在比较远的地方就可以看到，具有反光的特点，在一个 TAIK 的展览中他们使用了这种材料，展览结束后还剩下很多，我觉得这种材料

非常棒，就把它卷起来拿回了自己的工作室，放在那里很长时间。一天，我要去参加一个滑冰活动，我想在自己衣服上弄些装饰品，让自己变得更引人注目，我就把这种材料拿出来做了一个小的反光饰品戴在身上，结果大家都非常喜欢，纷纷向我索要，我不断地修改完善这个设计，并参加了一个展览会，结果获得了很多好评。可能因为这不仅是装饰品，更多的是人们确实需要它，它保证了人们的安全。你可以别在夹克上或围巾上，因为一般的反光片装饰性不太强。有趣的是，在Kukka之后，出现了很多类似的带有装饰性的反光片，我在展览之后开始开发整个体系，比如完善颜色的种类，改变弯曲的角度以便取得更好的反光效果等。

每一位设计师都渴望自己的作品获得成功，但是仅仅是作品获得人们的喜爱，设计还远没有结束，关键是要找到合作的生产者进行批量生产，这样设计师才能获得最终的收益。这个过程往往是比较艰难的。Sarra 也遇到了同样的情况。

S: 我努力寻找可以合作的生产者，但是他们总是以种种借口拒绝我。我开始自己进行生产，我负责全过程，包括销售，我自己订购原材料，找一个工厂把基本的形状加工出来，然后自己手工制作、组装，弯曲部分都是手工完成，然后卖到各个旅游品商店之类的地方，这是非常复杂的一个系统。我从这个项目中学习到了很多，了解了工厂的生产模式，学会了与各种人打交道，但是我希望明年可以找到合作者，这样自己可以有更多的时间做其他的设计。现在规模还不大，因为只有我一个人，而我自己的生产能力十分有限，大部分在博物馆的商店里进行销售，或者机场、设计广场等，在北欧其他国家，例如瑞典、挪威、丹麦也有销售，美国也有，每年我可以做几千个，这个设计到目前为止已经有四年了，很多来自日本的游客非常喜欢这个。我觉得我不太擅长做经营等方面的工作，每一个环节应该由相关方面的专家从事，我只负责设计这部分。

关于创造，每个设计师都有自己不同的理解，有的人认为一定要具有功能性，有的人认为一定要创新，有的人认为要让人过目不忘。这个世界已经拥有太多的东西，可是每年设计师还是会创造出无数的新产品，到底我们为了什么而创造，到底创造是什么?

S：我喜欢创造，我喜欢让人愉悦的东西，喜欢美的东西，但不追求时尚和潮流。一个好的品质和可以长久保持生命力的东西是我所追求的，我仍然喜欢创造新的东西，而不是遵循一个定式，创造包括材料造型和构造方面的创造。比如说一种材料本来应用在另外一个领域，但是我将它使用在产品设计中，这很有趣也很有意义，因为作为一个设计师应该有创造性和想象力。我们总是在不断地设计新的产品，所以这件产品必须是有价值的，值得创造的。比如一个杯子，已经有了很多杯子，我要设计一个新的，我就想能不能这里做一点改变，确定这个东西一定是人们所需要的东西。总而言之，我喜欢基本的东西，日常生活中的普通物品，但是可以带给人一点惊喜，我不喜欢设计一些奇特的东西。

虽然在芬兰，在北欧非常强调男女平等，而且我也认为这里是世界上男女相对最平等的地方，有女总统、女校长，而且绝对是头把交椅，不是陪衬，但是成名的设计师里，女性仍旧是少数，通常人们认为女性设计师更注重细节、更加敏感，设计风格更加温和等，Sarra 却对这种看法不置可否。

S：我自己看不出我作为女性设计师有什么不同，但是也许别人会觉得不同。我只是做我心里想做的事情，我感受，我设计，仅此而已。我只是觉得这样设计会比较好，这个作品看起来很舒服，等等，我并没有觉察到这个是源于女性的某些特质，而更多可能来源于设计师的背景，但是研究人员和消费者可能会看出来哪些作品来自于女性设计师。我想女性和男性设计师如果有不同，并不是说女性喜欢粉色，男性喜欢蓝色等这么简单，更多的可能是整体的设计观念。我想，男性和女性的一些创造方法是不同的。

Sarra 是芬兰国家设计团体 IMU 的重要创办人之一。说起创办的初衷，Sarra 显得非常兴奋。

S: 之所以称为芬兰国家设计团体，也是源于一个很有趣的故事。我和 Elina 一起去米兰参加展览，回来在芬航的飞机上，我们看见一群去米兰参加比赛的芬兰国家女子滑冰队队员，她们一个个看起来十分健康，她们的身上都印着国家滑冰队的标志，很神气。我们就想我们有国家足球队、国家篮球队，为什么不能组织我们的年轻设计师以团体的形式在国外参加展览呢？名字就叫作芬兰国家设计团体。

我们并不想组织一些固定的人形成团体，我们想对所有的设计师开放，而且是流动的，我们成立了评选委员会，任何学习设计的人都可以参加。我们三个中有一个人会成为评委，由评委们选出优秀的作品参加展览，到目前为止，我们已经组织了四到五次展览，有 31 个设计师参加了展览。我们负责将展品运到展览的地点，负责设计师的旅行费用、展览厅的费用等，但是好在芬兰有很好的体制，如果你有很好的项目，很多基金会、公司、文化部等都会支持你。

中国人普遍会认为芬兰是一个设计强国，那里的设计师一定拥有着高薪又自由的工作，过着令人羡慕的生活，其实并不然。芬兰是一

鸟装置
为了让思想保持活跃状态，Sarra也会做一些装置。

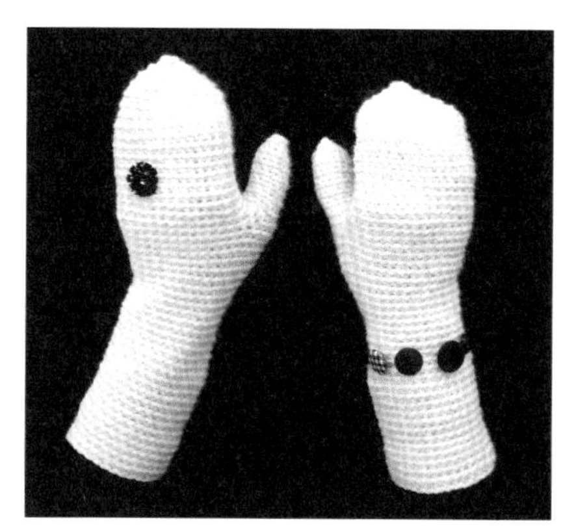

手套
“这是我妈妈织的手套，芬兰已婚的人都会戴上戒指，而冬天比较冷，戴上手套之后，就看不见戒指了，所以我就想在手套缝上戒指的图案还有纽扣，这样即使戴上手套也能看见了。”

个小国，消费能力非常有限，设计师要想获得很高的收入必须开拓国际市场，这对于年轻设计师来说非常困难，因为参加国际展览费用不菲，很多人难以支付。这就是Sarra和她的伙伴们创办IMU的初衷：帮助年轻设计师获得知名度，开拓国际市场，当然她们自己也因此获得了很好的声誉，获得了很多经验。

S: 当时我们刚从学校毕业，充满了干劲，总是觉得我们应该主动

LUNDIA 椅子

LUNDIA 桌椅凳

当家里来客人的时候，椅子总是不够，你就可以把这种凳子拿出来，临时使用，非常轻巧方便，全木质。这种矮的靠背实际上不是用作靠背，而是方便搬动。

摇椅 SUNNUNTAI

室内设计

为ASKO设计的室内，包括家具和织物。

做点什么，而不能只是待在芬兰，等着客户来找我们，给我们工作。而且我们觉得很多的芬兰设计师都有很好的想法和创意，我们应该自己来宣传自己，参加这个活动的设计师不需要支付任何费用，评委们也完全是义务的，我们也没有任何工资，都是义务的。我想最困难的时候就是刚开始的时候，我们三个都完全没有经验，现在好多了，我们积累了很多经验，很多报纸、杂志都对我们进行了报道，很多人都了解了 IMU，非常赞赏我们的工作，我们得到了更多的支持，明年 9 月我们会做下一次展览，是和芬兰国际家具博览会一起举办的，是一个公司想要我们做这个项目，我们从那里获得资金支持。（最困难的部分是什么？）钱！获得资金最困难，尤其是第一次。每个人都说，组织展览有多困难，你们不可能完成，每个人给的都是负面的意见，但是我们仍然坚持下来了。当然我们的预算总是非常紧张，我们不得不斤斤计较。

年轻设计师自己组织展览来宣传自己，这是一个非常好的主意，当然这要有芬兰良好的设计赞助体制作为基础。很多国家的和个人的

ANUK 椅
这件家具是为 ISKU 设计的，金属框架，可以叠放。这把椅子的不同就是一般的椅子都使用圆形的钢管，但是这把椅子是方形的。

LUNDIA 凳子

机构愿意资助与设计相关的项目，但是事情并不像 Sarra 她们想的那么简单，在展览时会有很多人来，也有很多赞美的声音，但是往往展览一结束，什么也没有获得，她们才发现事情并不是像她们想象的那样简单，从设计到市场，还有很长的一段路要走。

我在芬兰最深切的感受，就是这里的设计多少年没有什么太大的变化。所以每次见到年轻设计师，我都很好奇地询问，年轻设计师与老一代的设计师之间到底发生了哪些变化?

S：就设计本身来说，人们的需求发生了变化，但功能性仍然和以前一样，所以年轻一代的设计更加具有创新性，尤其在材料方面。芬兰设计当然还是非常具有芬兰特点的，但是现在受到其他地方的影响更大了，因为芬兰正在变得更加国际化、全球化，年轻设计师更喜欢一些轻松的东西，而老一代的更加严肃一些，原来的设计更多地被定义于和公司合作进行生产的产品，而现在设计更多的是将现代艺术和实用品结合在一起，有很多设计可能只有一件，与我们平常见到的实用品有很大不同，更像艺术品。

我硕士毕业的论文，是一个关于摇椅的研究和设计，就是一个可以摇摆的躺椅。我对于人们摇摆的那种感觉非常感兴趣，那是一种非常美妙的感觉。我就想研究这个，然后设计一种新的摇椅。在芬兰的庭院里面，总是会有一些很古老的摇椅，供人们休息。摇椅在芬兰是非常传统的家具，研究摇摆的时候人身体的变化和反应发现，当人向前摇摆的时候，血压降低，人们感觉到十分放松，而且婴儿在母体里也有这种类似的运动，所以人们会非常习惯于这种摇摆运动。我将这种研究结果应用在家具设计中，研究如何产生这种摇摆运动，然后通过做各种模型来研究，从而获得正确的角度，经过了几年的研究最终形成这种形式，事实上椅子的部分是灵活的，当你向下压一点，它就开始摇摆，当你推到这个位置就会变成普通的躺椅。

6 从窗帘到家具 Elina Aalto

我在芬兰见到的另一位成功的女设计师就是 Elina Aalto，她的丈夫也是设计师。他们有两个儿子，夫妻两个一边工作一边轮流照顾孩子。

在芬兰，大部分设计师都是同时从事家具设计和空间设计。在北欧，每年会举办很多展览，我记得我在那里度过的第一个冬天就是穿梭在各个展览中。漫长的冬夜，在灯光通明的展厅里欣赏着精美的展品，慢慢品尝一杯美酒，真是一种享受。每个展览都需要精心的设计，展览设计师的工作非常重要。Elina 接手过很多展览设计的工作。

E：许多博物馆和展示厅都会使用展览设计师，尤其是举办艺术展览是很有挑战性，你需要非常好地将这些艺术品融为一体，形成一个整体的形象，给参观者留下一个深刻的印象，需要设计师有非常强的设计意识。我为万塔博物馆设计了很多展览。展览设计中需要和不同的艺术家合作，非常有趣，当然在这其中，你需要妥协，需要沟通。（哪一个部分是最具挑战性的呢？）我想最有挑战性的事情是要和不同的人打交道，和他们一起完成你的工作，因为做些创造性的设计比较容易，但是需要让它获得他人的认可，保证风格统一，这就很难。但具有挑战性的同时，也很有趣。这就是为什么我更喜欢设计，而不是做一个艺术家。纯艺术只需要一个人完成，而设计是一个需要和很多不同的人打交道的工作，你要了解如何生产，以及消费者的使用感受等，这是一个更加社会化的工作。这是一个任务，而不是做任何你自己想做的事情。

Elina 也是芬兰国家设计团体 IMU 的创办人之一，她向我详细讲述了 IMU 具体的工作程序。

E：我们首先提交申请，获得资金支持，然后向设计师发布有关的信息，接收设计作品，一般是最初的创意，他们有时会做一些改变，然后请一些著名的设计师来做评委，评出优胜者。设计师会自己找厂家或者自己做出样品，我们会联系展览地点，将展品运到展览的城市，

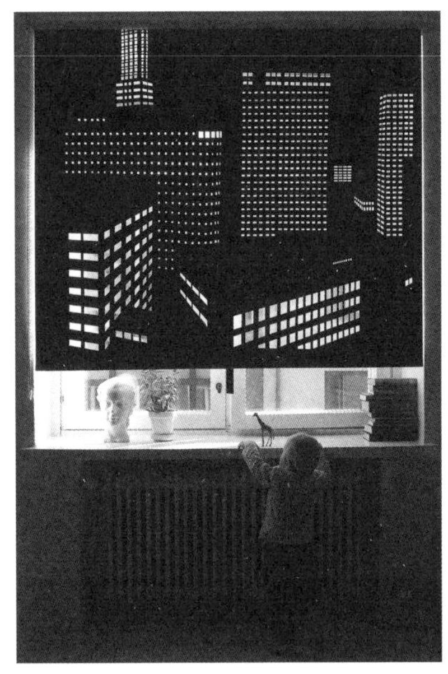

Better View

联系旅馆等。一般如果组织 10 个人参加展览的话，大概需要 20000 欧元。在组织展览的过程中我们收获了很多，首先我们获得组织一项活动方面的很多经验，我们需要和各种人打交道，我们获得了免费的旅行，了解展览会是怎样进行的，认识了很多人，也让别人认识了你，这对于设计师来说非常重要。而且每次做展览前，我们都会看很多不同的设计方案，这也会带给我们灵感。

在芬兰，会遇到很多女性设计师，她们大多会钟情于设计首饰、玻璃器具、纺织品等比较容易展现女性特质的产品，Elina 也是这样。她向我介绍她刚刚展出的一件作品，是一个完全手工制作的窗帘。这个窗帘的设计灵感来源于一个展览会上的作品。Elina 曾经去挪威奥斯陆的一个博物馆看过一个展览，那是一幅人物画，是在帆布上挖出孔洞形成图案，当时它挂在一面墙上，就像一幅普通的画那样，她就想为什么不把它挂在窗户上，这样有光线照射进来，效果一定更好，因此就萌生了这样一个设计想法。

E：这件作品的图案灵感来源于我去过的城市的建筑，我选择了一些非常有代表性的建筑，设计出这样的图案。我不知道东京的人能

HOHTO
为 IMU 设计的，采用的是 LED 光源。在这个框架的内部，上面是一个金属环，光从这个透明的塑料中透射出来，人们会以为内部有一个灯泡，实际上并没有。设计最初的想法就是想给人这种啊哈的感觉。

Arabia Carpet
户外毯：这是在 Arabia 的一个住宅小区里的项目，当时他们公司决定将建造成本的 1% ~ 2% 用于艺术设施的建造。我当时的想法是将室内的地毯移植到户外，让大家在户外也有一种在家的感觉，而我很喜欢这种东方传统的图案。Arabia 本身就是芬兰东部的意思，我在网上查了很多这种图案的资料，将其简化。因为这种地毯大部分都是红色的，所以我也想采用红色。但是因为是在室外，红色的陶瓷很容易褪色，好在我们找到了法国的一家很古老的生产陶瓷的公司，他们采用了一种比较新的工艺可以防止陶瓷褪色，所以有时候技术对于设计还是相当重要的。这个地毯大概由 50 万个小片瓷砖组成，整个面积是 60 平方米。

驻俄罗斯芬兰大使馆餐厅的室内和家具，采用典型的芬兰材料——桦木来制作家具。

Espoo 的儿童游乐场，附近的建筑都是 20 世纪五六十年代的具有东部风情的建筑，我们选择那里的一些著名的典型建筑做成缩微建筑放在游乐场内，这是旁边的一个大型商场为吸引更多消费者而投资建设的项目，很多母亲反映很好，因为她们的孩子非常喜欢那里，她们也可以放心地购物了。

否认出这些建筑是来自东京，就是著名的东京帝国饭店和摩天大楼，赫尔辛基和斯德哥尔摩我选择的是 20 世纪六七十年代的功能主义建筑，巴黎是 18 世纪、19 世纪的欧洲古典主义建筑。我希望人们在第二天早上醒来的时候，阳光透过这些孔照射进来，这一定很温暖；另外它可以使窗外的景色变得更好，因为窗外的景色有时很糟糕，有时让人觉得乏味，挂上这个窗帘以后，再糟糕的景色也变得迷人起来。我在自己的公寓里就使用了这个——你不会感到疲劳，真的有很好的效果。因为光线时时在变化，所以你在房间内会感到景色时时在变化，还可以缓解疲劳。

7 能设计更善于管理的设计总监 Antti Olin

凡是来芬兰学习或者工作的外国人都对芬兰人的沉默和谨慎印象深刻，大部分芬兰人不善言谈，甚至我猜测他们可能讨厌那些高谈阔论的人，所以在芬兰不缺踏实肯干的人，相对来说却缺乏勇于开拓、善于沟通的人。Antti olin 是一个例外。他非常健谈，打破了我对芬兰人的固有印象。他也不像大部分芬兰人那样穿着随意，我见到他的时候，他穿着格子裤，黑色的衬衣和黑色的毛衣，戴着眼镜，整个人看起来非常精神利落，他给我留下了深刻的印象。

Antti 的成长轨迹和大部分芬兰设计师差不多，他 1972 年出生，1998 年毕业于阿尔托大学的艺术、设计和建筑学院，获得艺术学学士学位，2004 年获得艺术学硕士学位。他在 1998 年就创建了自己的工作室，成为一名自由职业设计师。在最初的十年间，Antti 为公共空间和私人住宅做了很多家具设计，并获得很多奖项，越来越多的公司前来寻求合作，但是 Antti 没有像大部分芬兰设计师那样一直做自由职业者。2007 年，他作出一个重大决定，加入芬兰规模最大的家具公司之一——ISKU 公司，并成为设计总监。

A：ISKU 已经有 80 年的历史了，是芬兰规模比较大的一家公司，在北欧也算是比较大的一家，建立之初是一家很小的木家具作坊，是一个家族企业，现在是第四代。如今这个公司有三个部门：民用家具部，厨房家具部和公共空间家具部，每年营业额约 300 万欧元。目前 ISKU 公司正在实施一些改革，所以现在雇用了很多年轻的设计师，整个的设计政策都在做调整。我刚来这家公司六个月，正在招募一些自由设计师，已经招到了三个，第四位也马上会来，在这之前他们只用公司的设计师，就是 inhouse 设计师，改革后将会大大加强公司的设计力量。

芬兰国内大部分家具设计公司规模都比较小，芬兰人口只有 500 万 ~ 600 万，是一个小国，像 ISKU 这样规模比较大的家具公司，如果不能很好地开拓国际业务则很难生存，Antti 正是凭借其非常优秀的商业开拓能力和领导才能而被 ISKU 公司选中，进入公司以后，为公司在国际业务的拓展中发挥了重要作用，将 ISKU 公司从传统的芬兰家族式企业转变为以服务为基础的国际性大公司，而 Antti 也从设计指导的角色转变为市场规划和品牌建设总监。

与中国的高等教育相比，芬兰的高等教育体制更加灵活。年轻人可以选择接受一段教育，之后工作一段时间，再接受更高一级的教育，或者在上学的同时工作。芬兰的硕士阶段教育在十年前是没有年限的，很多人在硕士期间工作，或者去其他国家游学，相对灵活的教育体制虽然也有弊端，但好处就是让学生可以自由选择自己的教育之路，而且很多人可以边学边干。

Antti 从 1992 年到 2004 年一直在接受高等教育，包括 6 年的本科教育和 6 年的硕士阶段学习，这在中国是比较少见的。这 12 年

Richter sofa
这是我的毕业设计，当时西蒙是我的老师，是在 2002 年设计的，销售状况良好，那是我第一把投入生产的椅子，这把椅子在中国上海也有生产和销售。

Pleini
这把椅子是为瑞典 EFG 公司设计的，也是一个竞赛作品，1999 年设计，2000 年投入生产。

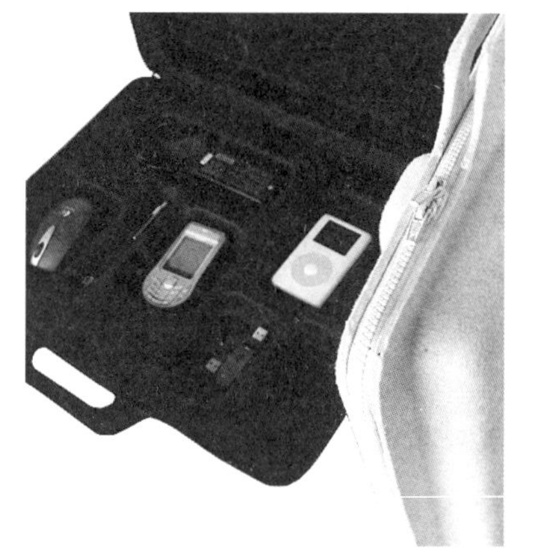

Control Bag，2005 设计
这个包是为一家芬兰公司设计的，为不同的物品设置了不同的空间，每件东西都很有条理。

Pang Jang
这个躺椅是在印尼设计制作的，藤制。

Trigger，2005–2006

转椅
座面靠背和扶手都是三维模压弯曲制成。

PicNic islands，2001
竞赛作品

Antti 在拉赫蒂读了两年设计，又去首都赫尔辛基，在芬兰最好的设计大学——阿尔托大学读了四年，毕业后边读硕士，边经营自己的设计工作室，在这期间还去法国读了一个学期的建筑。

A：我当时获得了一个交流项目的资助，决定去法国一段时间。法国是我非常喜欢的国家，和芬兰非常不同，文化深厚，人们也更加活跃。当时我去了法国一个建筑学校，主要是学习一些建筑理论方面的东西，关于一些设计思想。你知道芬兰的设计学校不太讲理论，更多的是教如何做，更重视工艺，去法国的学习是一个很好的补充，而且巴黎是一个很好的城市。

8 芬日混血设计师 Yodo Kurasawa

Yodo Kurasawa 是一个芬日混血的年轻设计师，1976 年出生于日本的 Sakura。他的父亲是日本人，母亲是芬兰人。1996 年，当时的 Yodo 还只有 20 岁，因为母亲的原因来到了芬兰，从此就留在了这里，一直在这里生活了 12 年。

日本和芬兰有很多相似之处，从国土面积上来说，都属于小国，而且都是岛国，与外界几乎隔绝，在一隅之地埋头苦干，芬兰人和日本人都属于踏实肯干类型，国家在他们的勤奋努力之下变成了世界上经济和科技发达的国家。很多芬兰设计师是通过日本看东方的设计，认为日本的设计是东方设计的杰出代表。他们互相欣赏，互相喜爱，所以芬兰人和日本人通婚也就是很自然的事情了。

日本和芬兰从设计审美这个角度来讲，也有相当多的共通点，Yodu 也有这种感受。

Y：我搬到这里，当然因为我母亲是芬兰人，但也是我自己想搬到这里，我想更多地了解芬兰，它是我的第二个祖国。我认为这两个国

家有很多共通点，人们做的事情都是类似的。我在日本的时候住在离东京 60 公里远的一个小城市里，也很安静，和这里差不多，所以我很快适应这里的生活。而且我小时候经常来这里，基本两年会来一次，因此对这里很熟悉。

作为日芬混血儿，同时拥有两种文化背景，大家肯定会好奇的：特殊的文化背景是否对设计产生了影响?

Y: 这很难回答，日本文化和芬兰文化都很欣赏简洁和功能性，而且木材这种材料对于两个国家的设计都很重要，因此对于我来说在创作时利用我的文化背景也变得比较容易，其实我在设计时也没有什么过多的想法，但是很多人会觉得我的设计中有日本的感觉。当然拥有这两种文

Stealth Chair
这是一把休闲椅，采用木材和钢制成框架，覆面材料是聚氨酯。这把椅子的最大特点就是看起来给人一种尖锐的感觉，但是实际上坐上去非常舒适。这把椅子是 Yodo 在一门人体工程学课程之后设计的。在设计之前，他进行了人体工程学方面的研究，采用一种白色的泡沫塑料做模型，来试验椅子的各种尺寸和角度，直到达到最舒适的程度，然后将其外形移到电脑上。这把椅子让 Yodo 在一个非常重要的设计竞赛中获奖，就是“芬兰年轻设计论坛”设计竞赛，这个比赛每四年一次。 Stealth 是一家美国航空公司的飞机的名字，那个飞机的外表就是这种尖锐的形状，Yodo 就以它命名。

Swing Sit-stand（摇摆凳）

这个摇摆坐凳是 Yodo 目前最有名的一件作品，木材和金属框架，织物包覆的凳面，凳子底部的框架因为做成曲线，所以可以产生轻微的摇摆。这个摇摆凳曾经在芬兰、丹麦、日本的东京和京都展览，受到很多芬兰年轻人的喜爱。这件家具主要是用在酒吧里，但是也可以用在办公室和家庭里面，在厨房里做家务的时候也可以使用。Yodo 说："我最初的想法是这样的，现代人在每天的工作和生活中，大多数时间都是处于坐着的状态，所以很多人都受到背部疾病的困扰。作为一个设计师，我想解决这个问题。实际上作为一个坐凳，这件家具并不是一个新的东西，但是因为可以产生轻微摇摆，所以你可以根据自己的需要来调整自己的坐姿，而且很多人都很喜欢摇椅，但是那需要很大的空间，而这个摇摆凳却十分节省空间，又可以让坐着的人享受摇动的乐趣，所以受到了人们的喜欢。"

Sim Chair

这是一把非常具有芬兰本地风格的纯朴的椅子，是用非常薄的桦木胶合板制成的，厚度约为 12 毫米。这把椅子是 Yodo 在西蒙·海科拉（Simo Heikkilä，赫尔辛基艺术设计大学空间与家具设计系的教授，芬兰家具界的代表人物之一）担任指导的木工车间里工作的时候设计并制作的。椅子看起来非常脆弱，因为使用的胶合板非常薄，但是实际在座面下采用了一些加固措施，使椅腿、座面和靠背可以紧紧地连接在一起，而且将座面设计成曲线形式也是为了增加承受力。

Station Divan（无扶手长沙发）

这把椅子与 Stealth 椅一样，是一个两用家具，可以作为一个普通的无扶手沙发椅使用，座面抬起成为靠背，就变成一个普通的沙发。它会欺骗使用者的眼睛，看起来和使用之后的感觉完全不同。

Reflector lamp（反射灯）

在芬兰，冬天漫长又阴暗，所以灯具在芬兰显得尤其重要。这个吊灯，Yodo 在下面用了一些摄影用的胶片，产生一种反射的效果，将灯光反射到顶棚上，这个胶片起到像镜子一样的作用，出现了梦幻般的效果。

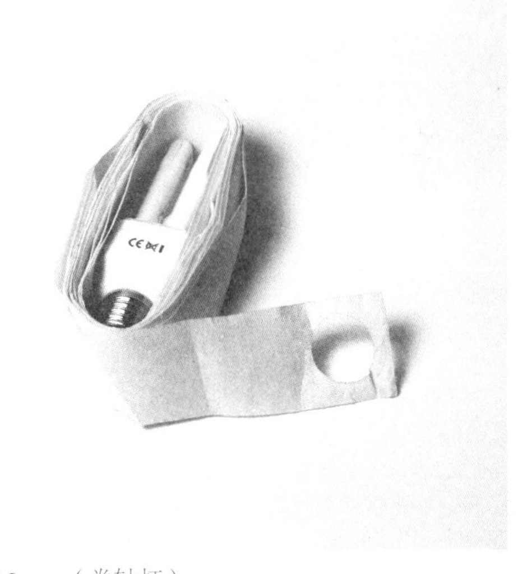

Roll Lamp（卷轴灯）

你在商店里买灯泡的时候，一般是没有灯罩的，需要另外购买。这个灯具的创意就是你在购买灯泡的同时附带了灯罩，这个灯罩就是包裹在灯泡上面的纸质的带子。

化背景对我是一件好事，有时候可能是下意识的或者是潜意识的一种想法，但是获得了很多意想不到的效果。

Yodo 生活和工作在 Lahti，在 Isku 公司任专职设计师，2003 年获得了芬兰家具基金会的资助，这在芬兰是一个很大的荣誉。谈到选择设计师这个行业，他说是受到了家庭的影响，他的父亲曾经是一个木匠，而他的母亲在退休之前拥有一家做家具软包的公司。

Yodo Kurasawa 的设计作品外观十分简洁，没有夸张的外形，追求设计的永恒，基本上延续了前一代芬兰设计大师的设计路线，其中的一些作品不仅在一些国际比赛中获奖，而且还在北欧各国和日本进行巡回展览。

9 擅长设计混凝土的家具设计师 Samuli Naamankka

带有图案的混凝土墙体

Samuli 是一位家具设计师，但是他曾经用四年的时间研发了一个与家具毫不相关的产品，就是可以印刷图案的用于建筑外墙体的混凝土材料。这让人觉得有些意外。这个产品获得了很大的成功，因此他曾经被同事们戏称为“混凝土纳曼卡”。

S：这个混凝土的图形设计和发明是我最重要的一个作品，我花了整整四年就做了这么一个作品。我是从 1998 年开始研发的，又花了一整年的时间建立这个混凝土图形公司来制作真正的产品。我自己跑去找芬兰的混凝土工厂谈，跟他们讲我有这样的一个想法。我们花了很大力气将其推向市场，大概又花了两年时间才让市场接受这个产品。我和一个工程师组成了一个团队来推动这个产品走向市场。

Samuli 为那个公司工作了两年，当时它仍处于发展阶段，现在已经基本成熟，有五个人为那个公司工作，Samuli 已经不在那里工作了，但是现在回忆起来仍然觉得那是一段非常难得的经历。Samuli 经常会承接一些比较大型的城市设计项目，有时是和另外一个设计师，有时是自己独立完成，现在他正在为赫尔辛基最大的一个百货商场 Stockmann 设计地下车库的入口，墙体正是采用了他设计发明的这个带有图案的混凝土墙，这些墙体都是事先制作完成，然后运到现场安装。而在 TAIK 旁边，伸向海边的一条小路，也采用了他的这个可以印刷图案的混凝土。

S：我在中国已经获得了这个产品的专利权，但是在中国还没有任何项目实施。这个产品的难点在于如何利用延缓剂使得在混凝土上可以印刷出这种图案，这是一个非常困难的部分，但是现在这个工艺已经成熟了。现在这是一个真正的工业产品了。美国一位著名的建筑师现在正在离纽约 50 公里远的一个地方建造一座大楼，使用的正是我的这个产品。在欧洲已经有很多建筑都使用了这个工艺。我花了整整四年的时间来做这个试验，虽然失败了很多次，现在看来非常值得。

Samuli 开始关于混凝土的研究可以说完全是一个巧合，当时他在坦佩雷有一个建筑设计项目，一位客户当时想要重新建造他的老工厂的一部分，当时 Samuli 对混凝土的了解并不是很多，恰巧当时在 TAIK

正刚刚开设有关混凝土的课程，Samuli 在这个课程中了解到什么是延缓剂，以及其他的一些关于混凝土的知识，他当时就产生了一个想法：为什么不可以使用延缓剂将印刷技术和混凝土结合在一起，在混凝土上进行印刷，从而产生带有图案的混凝土呢？于是他就展开了研究。

S：研究非常艰难。我当时还只是一个学生，我需要专业技术和资金上面的支持。我就打电话给当时芬兰非常有名的两位建筑师，给他们讲我的设计想法，他们对此产品十分感兴趣，然后他们说服了赫尔辛基一家混凝土公司为我提供资金和技术上的支持，我非常感激这两位建筑师，实际上在我后来进行研究的过程中，他们也成了我的顾问，我会经常征求他们的意见。所以有时候在你努力的过程中，找到正确的可以帮助你的人是非常重要的。

Samuli 是芬兰非常重要的中生代设计师，他的大部分设计已经投入生产，他的家具设计作品也非常与众不同，更多地强调结构和工艺，他认为这是受到了做工程师的父亲和哥哥的影响。

S: 我的很多设计都是从工程方面开始考虑的。在我的设计里，工艺和结构占了很大的比重，而不只是造型。这件 Clash 椅子，外形看起来结构很简单，但是这个金属部分在胶合板内部的构造还是相当复杂的，但是是隐藏起来的，这样可以使外形十分清新简洁，所以对我来说最有趣的设计部分是隐藏起来的那个结构。这把椅子坐在上面可以产生一定程度的摇摆，具有一定的弹性。

Samuli 属于研究型的设计师，这种情况在设计师中间并不是非常常见。他的设计看起来非常简洁，但是往往使用了某种特殊的工艺或者某些特殊的结构，这使得他的设计作品独树一帜。

S：研究对我的设计非常重要。我觉得设计师这个工作的有趣之处就是发现一些新的东西。芬兰的设计师都在试图寻找一些新的东西，关于材料的，关于结构的，关于工艺的，我们有这方面的传统。例如阿尔托的家具生产工艺在当时是一种伟大的创新，这些新的东西有时只是适用于一个项目，有时可以在多个项目里使用。可能是因为我的背景，我曾经学习过物理，所以我总是努力发现一些新的东西，不论是关于材料还是关于结构。例如 Clash 椅子，我就是想用一种特殊的结构来表现芬兰设计的安静和清新感，没有使用螺钉之类的别人经常使用的连接方式。

Samuli 现在正在做一个项目，完全使用织物来制作椅子，而不使用任何塑料制品，其中的胶黏剂也是从自然中提取的，所有的原材料都源于自然，而不是来自石油产品，所以非常环保。

S: 我们已经做了两年的试验，但是现在还存在很多问题，我们还在试验不同的材料，这是一个非常新的东西，所以需要花费时间。目

Clash 椅

前市场上还没有这样的产品。有些产品号称百分之百来自自然，实际上有部分是塑料。现在我们的产品强度是足够了，主要还在考虑最后的覆面材料，因为不能使用任何化学产品，所以相当具有挑战性。

芬兰的设计具有很高的国际声望，老一代的设计大师阿尔托，凯·弗兰克，库卡波罗，他们的很多经典作品被世界所熟知。新一代的设计师踏着老一代的足迹前行，他们每个人都试图突破，他们渴望成功，渴望形成个人的风格。

S：我喜欢柯布西耶，也喜欢马蒂森，同时我也力图找到一些新的东西。当你想找到一些新的东西的时候，就带来了未来的设计。例如，当我设计胶合板椅的时候，我总是会去那个胶合板公司做调研。如果设计的造型在工艺上不可行的话，我就不能使用这个设计。当然我也希望自己和一些著名的设计大师有所不同。例如库卡波罗，他总是在椅子设计中使用很多螺钉，我则努力避免使用。我不想被人说我具有库卡波罗的风格，我想拥有自己的风格。

功能性和美观性是设计师最需要考虑的两个问题，在芬兰有很强的注重功能性的传统，在 20 世纪 30 年代左右，芬兰的很多设计师都受到了包豪斯学派的影响，认为功能是第一位的，形式追随功能。但是年轻的设计师却发生了很大改变，他们追求有机的造型，甚至把造型放在第一位。

S：我不喜欢丑陋的东西，我喜欢美观的东西。我相信总是有办法在生态性的设计原则下将美观和功能性在一件作品上进行体现。应该说我对每年去看各种国际家具展览没有什么兴趣，很多公司都会说今年我们展出了新产品，但是我并没有发现什么新的东西。如果只

uni 椅
uni 在芬兰语中的意思是做梦，所以它代表着“梦想成真”，这是一把完全用胶合板制成的椅子，由两部分构成。我当时做了很多试验，以这样一种方式使胶合板做复杂的三维变曲。这个椅子获得了 2008 年瑞典家具展览的设计奖，在利用胶合板方面，它是一个创新。

是为了某个公司可以赚钱而努力去设计一些新的东西，那样就毫无意义。我总是努力去发现美丽的外观后面的东西。

现在对于设计师来说，旅行或者通过网络可以非常方便地获得各种信息，所以很多东西正在趋于相似。那么对于设计师来说，是否应该有意识地保持自己民族的特色呢?

S：我认为设计师保持本国、本民族的文化特色是很必要的，当然同时必须是现代的设计，但是在现代设计的后面应该有一些文化的东西在支撑。对于芬兰设计师来讲，我们的文化非常年轻，没有太多的历史背景，但是像日本，历史就比较长久，他们的家具设计就很好地将本民族的文化特色和现代设计结合在一起。中国有很长的历史和非常优秀的文化，这是我们芬兰所没有的。我们非常羡慕中国的设计师可以在这样的文化中成长，这些东西不应该抛弃，但是怎么利用也要经过一番研究。

中国近些年来经济发展飞速，主流的思想就是求新求变，所以我们已经非常习惯很多产品几年就会被淘汰，如电器、手机还有家具。但是到了芬兰之后，才发现情况截然不同。我记得一位著名的女纺织品设计师对我说，我有一件浴袍穿了 20 年。我当时非常惊讶，芬兰的设计师追求的是经典，是可以使用十几年，甚至几十年的产品。

S：我觉得服装可以追求潮流和时尚，但是除此而外，我对于追逐时尚和潮流不感兴趣，我喜欢设计可以持久。从这方面，我十分喜欢阿尔托和库卡波罗设计的东西，还有柯布西耶设计的东西，他们的设计几十年长久不衰。这样的设计才能称之为成功的设计。我总是仔细研究他们的设计为何可以做到这样。意大利的很多设计都有些过度，有很多附加的东西，这种东西最多只有几年的寿命，很快被人们厌倦。我认为设计应该是一件非常严肃的事情。

媒体对于设计师来讲非常重要，有人形容媒体是野兽，因为他们总是追逐新的东西，很多设计师都因媒体的过度曝光而受到伤害。Samuli却有不同的想法。

S：设计师有时还是需要像野兽这样的媒体的，因为这是市场宣传的一部分。媒体具有两面性，有好的一面也有不好的一面。今天我们的设计杂志太多了，但是可能缺乏足够的优秀的报道者。杂志需要一些新的东西来吸引读者。杂志就像是一种时尚设计，不幸的是，现在越来越多的家具设计成了时尚设计的一部分，尤其是在最近十年。这对于家具设计师来说可不是一件好事。但是我们设计师却没有办法阻止这件事情的发展，这就是现实，我们需要在这样一个环境里生存。

10 幽默的芬兰家具设计师 Timo Salli

Timo Salli，1963 年出生于芬兰南部城市 Porvoo，1996 年毕业于赫尔辛基艺术设计大学工业设计系，获得硕士学位，毕业后主要从事产品设计、家具设计，现任赫尔辛基艺术设计大学实用美术系教授。1997 年获得芬兰年轻设计师奖，1999 年获得芬兰政府资助的设计师三年奖。其设计作品在芬兰、瑞典、德国、意大利和日本等国家展览，与其合作的公司遍布世界各地。他不仅是芬兰目前中生代设计师的代表人物，而且还参与组织了各种设计展览、设计比赛，在芬兰是一个非常活跃的人物。他积极倡导新芬兰设计，力图改变芬兰设计严肃、缺乏幽默感的印象。10 年前他就参与组织了 Snowcrash 设计团体，后来参与策划组织“Fennofolk”设计展览，他一直在积极实践着自己的设计哲学，不断地推动芬兰设计向更加国际化的方向前进。

Timo Salli 教授是一个非常幽默爽朗的人，不像大多数的芬兰人那样沉默，也许正是这样的性格使他的设计作品别具特色，也使芬兰的工业品设计更加多姿多彩。Timo 最初并不是学习设计的，而是一个高级焊工，在瑞典和英国的建筑公司和造纸厂工作，主要是从事精细的焊接工作，后来他对设计产生了兴趣，决定开始学习设计。

在 TAIK 硕士毕业后，当时年轻的设计师在芬兰很难找到工作，所以在 1997 年他和几个朋友组建了一个名字为 Snowcrash 的团体，决定参加米兰的设计展览。Snowcrash 最初有 4 个人，两个来自芬兰——Timo Salli 和 Ilkka Suppanen，另外两个是瑞典人。当时展览的作品大量采用了合成材料，这些材料常被用于船只制造，因为它们具有耐久性和实用性，像橡胶、聚合纤维、聚乙烯和聚苯乙烯等材料，使用这些合成材料就可以创造出轻型的透明的设计，而且可以使设计更富感情色彩。这些新材料生产成本比较低，但是仍然是生态性的材料。

T: 我们倡导在技术和人类之间建立一种和谐的关系，我们的很多设计理念都来自这个信息社会，这个新的时代。在米兰我们获得了媒体的极大关注，没有任何一个其他的设计团体在第一次参加米兰的展览的时候就获得了那样的成功，我们当时成了米兰的明星。也因为那次展览我认识了世界上很多优秀的设计师，我们现在仍然保持某种联系。那次展览对我的职业生涯产生了极大的影响，我因此开始具有一些名气。

在米兰展览之后，1998 年的冬天，瑞典的一家设计公司购买了这个名字的使用权，他们也开始为这家公司进行设计，所以最初这个由几个年轻人为一个展览而组建的设计团体演变成了一个设计公司，1999 年 Timo Salli 离开这家公司，他当时已经获得了三年的政府奖，2002 年他受到 TAIK 的邀请成为这里的教授。Timo Salli 的设计作品充满趣味性，他曾经提出“形式不仅追随功能，还要追随趣味”。

T：这句话实际上是我和我的同事们在要离开赫尔辛基去米兰的最后一分钟里想出来的。我们想要突出表现的是我们是新一代的芬兰设计师，我们来自芬兰，但是我们与上一代有所不同。因为我们芬兰的

传统设计是如此严肃，而我认为生活就应当轻松一些，充满趣味，而设计是一种生活元素，不要总像教堂里的那样，所以我们就采用了这句话。当然我们实际上也受到了荷兰设计的一些影响，他们将幽默这种元素带入设计，但是我努力与他们区分开来，不要过多，只在一些小的元素上面使用，否则就会显得愚蠢。

芬兰的设计环境这些年来发生了很大改变，竞争更加激烈，但是相对也更加开放，更加自由，很多年轻设计师努力寻求国际合作伙伴，努力参加各种国际展览。Timo Salli 回忆，1997 年去米兰参加展览的时候，芬兰设计广场（芬兰一个重要的设计协会）当时在其报道中就对他们进行横加指责，说一群年轻人根本不知道自己在做什么，因为当时根本没有人去米兰参加展览。

T：这实际上限制了芬兰设计的发展。可是现在思想却十分开放，年轻人经常会在一起讨论有关设计的一切事情，而不是处处需要权威在场。整个芬兰的设计氛围发生了很大的变化，年轻设计师的国际化趋势越来越明显。我们也必须这样做，我们必须要改变，也许其他国家没有从家具和产品设计上发现芬兰设计上的变化，但是至少从芬兰的设计师身上看到了变化。米兰设计展之所以常年保持兴旺的态势，主要是因为来自世界各地的设计师带来了不同的设计。

Timo Salli 目前在实用美术系担任教授，关于教学方法，他也有自己的理解。

T：我并不总是讲述我自己的设计，我总是努力先去理解他们在追寻的东西，努力去感受他们所具有的个性和特点，我们会分组进行讨论，如果教师具有足够的经验，那么你就会成为学生追随的榜样，你就会像一座高耸的塔，学生会一直向上攀爬，所以做一个设计教授是非常具有挑战性的一个工作。当然你经常回答的问题不外乎两个：材料和功能，但是第三个问题就是如何创造出自己的特色，这有很多种可能，也是让你最具竞争性的一个问题。

产品设计和家具设计实际上都属于艺术设计的范畴，但是在芬兰，我的感受是产品设计领域好像要比家具设计领域更加活跃一些，Timo也有同感。

T：近些年来，在家具设计领域也在发生着改变，一个领域不应该只掌握在几个专家的手里，那样一定会抑制其发展，它应该是一个民主的领域。我们学校的家具系从西蒙做教授以后也在发生着变化，允许各种不同风格和思想的存在。我们应该时刻关注外界的变化和发展，我们并不属于纯艺术领域，不是只需要树立自己的独特的风格就可以了，我们是实用艺术，所以与人们的思想和生活方式的变化息息相关。

Timo 的作品风格与印象中的芬兰设计还是具有一定的差别的。他没有刻意去体现芬兰的文化和传统，而是非常国际化。对于年轻的设计师的发展，他的建议是必须走出去。

T：从某一个方面，我们可以将芬兰设计从全球的设计中隔离开来，但是要想使芬兰的设计不断向前发展，就必须具有开放的思维。而且我们年轻的设计师无论如何都继承了强烈的芬兰传统，我们常常是一条腿在森林里，另一条腿在国际化的设计舞台上。我们的设计或多或少都可以看出芬兰的文化传统，这是不需要担心的。我记得一些从中欧来的同事看到我的设计的时候，立即感叹，十分具有芬兰的感觉，虽然我的设计与其他传统的芬兰设计有一些不同，我会采用一些不同的材料，但是芬兰设计具有的纯净、功能至上的特色我仍然保持着。

在芬兰，一位设计师想要发展，建立国际化的网络非常重要。芬兰是一个小国，国内的机会非常少，Timo 早已洞悉了这一切。

T：应该说我具有非常好的国际网络，这也许得益于我的个性。我在世界各地都有一些设计师朋友，我会经常打电话给他们，询问他们那边最近发生了什么。这对于一个设计师来说非常重要，可以了解世界各地的信息。在老一代，设计师之间可能更多地处于彼此竞争的关系，但是我们现在更多地倾向于朋友关系。我们不需要彼此敌视，我们可以一起分享很多想法。当然不是说要想获得成功一定要成为国际化的设计师，这对我来说其实更多的是一种享受，是一种生活方式。

在 20 世纪 20 年代，芬兰曾经遭遇过一个尴尬的阶段，西方世界，包括美国和欧洲其他国家认为芬兰属于东方，拒绝承认它是西方国家的一个成员，而芬兰刚刚结束和俄罗斯的战争，并且战败，芬兰想脱离俄罗斯的控制，努力让西方世界承认我们属于西方，为此芬兰开始接受来自德国的功能主义，这成为芬兰设计的起源，同时也逐渐抛弃了东方的浪漫主义和幽默的元素。慢慢地芬兰被西方世界接受和认同。但是近些年来，芬兰的设计师逐渐感到这些东方元素对于芬兰设计发展的重要性，所以就出现了一个词——Fennofolk，设计师们希望芬兰的设计出现多种可能性。关于芬兰设计未来的发展 Timo 认为还有很大的挑战。

T：芬兰现在很多的家具公司还是比较落后的，很多都是家族式企业。我想在未来的几年，这些家具公司应该更多地去了解国际形势，聘用具有才华的设计师。我们看到其他国家拥有更加廉价的劳动力，而且石油危机对材料的使用也产生了影响，所以芬兰的设计行业还是面临着巨大的挑战。我们所有的设计师都应该做好准备迎接这个挑战。当然我们还是要保持我们芬兰的特色，在树林里的那条腿还要稳稳在那里扎根。

Timo 是一个非常勇于尝试新鲜事物的芬兰设计师，这和我见过的这里的许多设计师不同。很多年轻设计师都受到芬兰的设计传统的影响，比如在材料的使用上比较单一，而且很多教授的想法都非常保守。Timo 算是一个另类。

T：我在这所学校里学习的时候就感受到了这种所谓的芬兰的传统。我几乎学习了所有系里的课程，我的毕业设计就是家具设计，而指导老师就是威勒海蒙，他当时就说我们只能使用胶合板和钢材。我想我们组建的 Snowcrash 设计团体做的一件非常重要的事情就是我们在设计中加入了幽默，这有别于我们传统的芬兰家具。当然不是说我们传统的方法就不好，但是时代变了，我们只能跟随时代的变化前进。从教学方法来讲，也在发生着变化。我在这里上学的时候，教授可以什么也不说，让你自己去领会设计的精髓，但是现在我对待我的学生却要不断地解释设计的每个过程，还要联系很多公司，让学生们和这些公司进行合作。总之一切都在发生着变化。我们可以说传统在朝着好的方向进行着改变，我们在更新一些事情。

时代在变化，可能世界上任何一个角落都不可避免地要跟上时代的脚步，不论曾经的传统势力是多么不愿意改变。在芬兰也出现了跳蚤市场，消费文化发生了一些变化，曾经老一代非常看重产品的品质，但是新一代却开始不断追求新的东西，问题就是如果你否定新的东西，否定创造，经济就难以向前发展，这是一种矛盾。斯塔克就曾经说过，产品是为了销售而不是为了使用，这些都深刻地反映了整个时代的消费文化在发生变化，芬兰也难以逃脱。

Tramp
这是一个透明的安乐椅，钢框架，外罩尼龙网，用一种机械装置将表面张紧，拉上拉链，这样就可以使用了。

Lamp Lamp
这件作品将镜子和灯具结合在一起，其设计理念就是一件物品具有双重含义，白天灯关掉以后可以用镜子来反射日光，而晚上它又成为光源，同时还是一面镜子。

Jack in the Box
这件电视装置的设计理念是不仅设计家具，而且设计人们的行为模式。这件家具使人们关掉电视后，可以让电视消失在视线之中，给人们足够的空间可以做其他事情，而不让电视始终成为客厅的焦点，从而干扰其他行为的进行。

Firecase
这是一个现代化的壁炉，用透明的玻璃材料制成，虽然造型非常现代但仍然可以勾起人们对于遥远的过去的记忆。

Side Chair

11 只做家具设计的芬兰家具设计领军人物 Jouko Järvisalo

Jouko Järvisalo 出生于 20 世纪 50 年代，1977 年开始职业生涯，是芬兰目前相当有声望的家具设计师。他设计的家具大部分已经投入生产，而且销量良好。Jouko 只做家具设计。在芬兰，只依靠做家具设计来谋生是相当不容易的，这样的设计师在芬兰不会超过十个，Jouko 就是这十个人当中非常有成就的一位。他的设计作品沿袭了库卡波罗倡导的功能性，又具有不寻常的外形，其优雅的曲线受到了北欧有机主义设计的影响。

Y：在我开始职业生涯的时候我是做室内设计，后来我对椅子产生了兴趣，开始集中精力做家具设计，我合作过的公司很多，从（20 世纪）80 年代初期开始，我为几家不同的公司设计家具。在我的职业生涯中，我设计了很多椅子。在芬兰做一个家具设计师要承受很多压力，有时会非常艰难，1995 年和 1996 年我们经历了非常困难的岁月，之后的十年经济情况良好，我们的产品也销售得比较好，可是到了 2008 年又遇到了经济危机。所以作为一个设计师要很好地调节自己的心理

状态，可以面对不同的挑战，让自己比较平和地接受一切现实。

Jouko 现在主要为芬兰家具公司 MöBEL 服务，任设计总监。MöBEL 公司的产品销往全世界，包括日本、澳大利亚和欧洲其他国家。ISKU 和 Martela 是目前芬兰规模最大的两家公司，其他的家具公司规模差不多，其中包括生产阿尔托产品的 ARTEK，主要生产库卡波罗产品的 AVARTE，还有 INNO、MöBEL。像 MöBEL 这样的公司的销售额每年大概在 200 万～ 300 万欧元。

库卡波罗对芬兰设计师的影响力是独一无二的。他曾经担任赫尔辛基艺术与设计大学校长多年，而且他的声望在同一时代基本无人能及，在芬兰我见到的设计师大部分都是库卡波罗的学生，Jouko 同样也是库卡波罗的学生。他从库卡波罗那里学习到了很多东西，那么他又如何形成自己的风格呢?

Y：我从他那里学习到了很多东西，简单明了的结构，简单的材料，简单的造型，但是我想我更关注造型，我认为造型有时比功能性、人体工程学更加重要。我认为设计师最应该关注的是当人们看到一把椅子时的感觉。一件家具放在一个房间内，有时它可以使整个房间的感觉瞬间不同，它创造了一种氛围，所谓的蓬荜生辉。

在芬兰，设计经历了很多不同的历史时期，如 20 世纪 70 年代，那是一个非常艰难的时代，政治统领一切。而到了 1984 年左右，意大利的孟菲斯集团兴起，这也对芬兰的设计产生了很大影响，产生了后现代主义设计。芬兰也兴起了所谓的艺术化的设计，当时就连库卡波罗也做了一些后现代主义风格的设计。现在他称那是一个可笑的年代。

Y: 很难具体说清楚这些经历对于芬兰设计师和芬兰设计产生了什

么样的影响，但是从那以后，我们的设计变得更加多姿多彩，所以那段时间现在看起来虽然比较激进，但是对于芬兰设计来说可能也不是坏事情，它就像一个里程碑。从那之后，设计师们更多地愿意去表达自己的想法，而不只是追随前辈。

作为公司的艺术指导，Jouko 负责公司的整个产品系列，也要和设计师讨论他们的想法，以及公司想要他们做的东西。

Y: 我一般不会直接否定他们的想法，或者改变他们的想法，但是我有责任保证整个系列的感觉是统一的，所以责任相当重大。芬兰的设计被世界所喜爱，但是目前最大的困难还是在销售部分。我们也试图去中国开拓市场，但是如果在中国销售最好在中国设置工厂。我们最担心的还是质量问题，而且一些材料在中国也找不到，比如说这种

Lippi
座面和靠背采用三维弯曲，整体采用黑色和黄色两种对比非常强烈的颜色，椅子整体造型简练，线条利落。

钢管，管径为 20 毫米和 50 毫米，非常细。我们现在使用的是法国制造的，这在欧洲是比较普通的一种材料，但是在中国目前可能不太容易找到，这些都是问题。

在芬兰已经有一些年轻设计师大量采用电脑设计和绘制家具，但是一些资深的设计师仍然喜欢用手来绘制草图，他们很喜欢那种手绘的感觉。

Y: 我在做设计的时候是有一些直觉的，也可称为第六感，我知道我想要什么，我一般会青睐采用传统的方法，用手来画草图。我的同事有些会用计算机来画，但是那样我找不到感觉。绘制草图之后，我会绘制 1 ：1 的图纸，这些都是非常传统的家具设计的方法，我仍然在采用。最后是制作 1 ：1 的模型，这样很多细节都可以看到，我不喜欢制作缩微的模型，那样很多比例关系根本看不出来。

12 设计服装的家具设计师 Naoto Niidome

在芬兰的设计师中，Naoto 是比较独特的一位：他不仅是一位家具设计师，同时还是一位服装设计师。这在芬兰比较少见。服装设计师要求对时尚，对潮流非常敏感，而家具设计师更多注重的是功能，这两个角色似乎有点矛盾。尤其在芬兰，很多设计师是非常反对追逐潮流的。对此 Naoto 却有不同的见解。

N: 在芬兰，每一年都会出现很多新的家具，人们追求的是功能性和低成本。但是，家具只能是那样吗？一把椅子只能是金属框架、木质座面吗？我想追求新的可能性。我曾经和我的教授探讨过这个问题。可是遗憾的是，他们已经按照自己的方法工作了几十年，他们很难接受你的意见。但是我就是想把这种思想引入芬兰设计界。我身兼家具设计师和时装设计师两个身份，我发现了它们之间的共通点。如人是有骨骼和皮肤的，我设计的衣服也像人的皮肤一样；而家具也是有框架和包覆材料的，就像人的骨骼和皮肤。所以你看，我设计的这几件家具的包覆材料都是可以拆掉的，就像是家具的衣服一样。

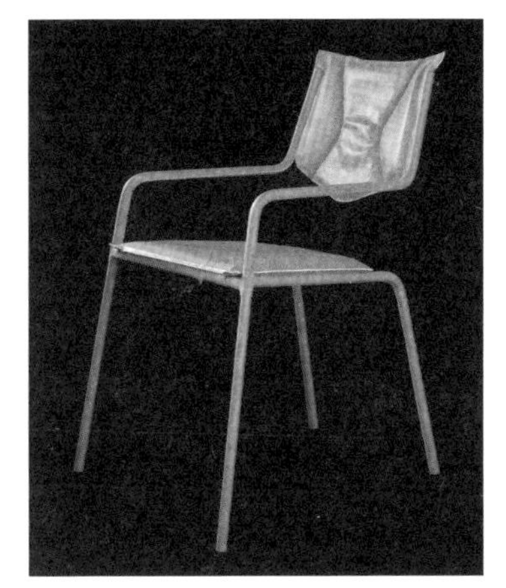
可拆卸椅套的椅子

靠背椅

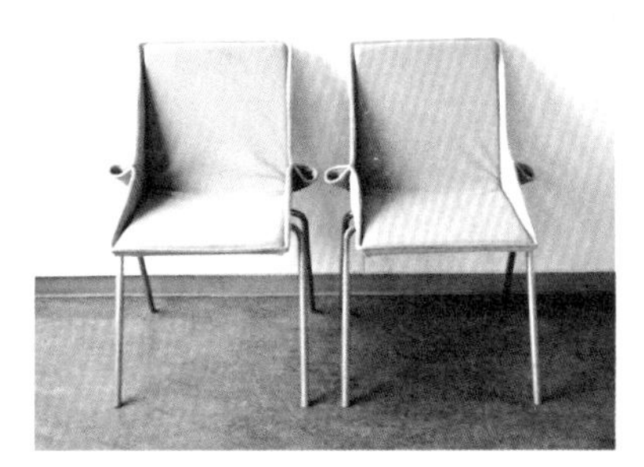
可拆椅面的椅子

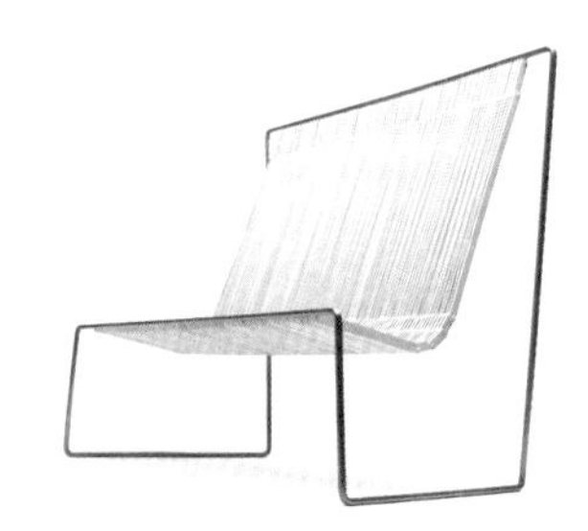
钢管扶手椅

这些椅子的设计中最困难的部分在于如何将这些覆面材料非常别致地和家具的框架缝合在一起，这和服装的设计有很多相像的地方，如何裁剪，如何缝制，因为 Naoto 有服装设计的经验，所以可以很好地来解决这个问题。

很多人都知道芬兰的建筑设计和家具设计非常强，相对来说大家可能不太觉得芬兰是一个时尚的国家，但是这里仍然有世界驰名的著名时尚品牌 Marimekko。Naoto 曾经是那里的 inhouse 设计师，现在作为自由职业设计师为他们工作。

Naoto16 岁从日本来到芬兰，在芬兰已经待了 14 年，说起这两个国家的一些共通点和不同点，Naoto 深有感触。

N：日本和芬兰都是资源比较缺乏的国家，除了森林和海洋没有其他的资源。这两个国家的人都喜欢木材，因为这是唯一的材料。日本和芬兰都是非常有创造力的国家，而且这两个国家都是战败国，战后都经历了一个重建的过程。芬兰和日本又有很大的不同。年轻设计师在日本很难找到工作，因为那里有很强的等级制度；芬兰相对比较自由和平等，在芬兰只要你足够优秀，你就可以脱颖而出，这里不存在等级制度。而在日本不同，你必须等待，因为前面还有很多年老的资深设计师，你很难在年轻时获得非常好的工作，所以我选择留在芬兰。而且我可以讲日语，我可以和日本人交流，可以在日本做展览。这也成为我的优势。

库卡波罗等老一代设计师非常注重功能主义，但是很多年轻设计

躺椅

置物架

置物柜

师在努力寻找一些新的东西，他们想带来一些有趣的东西，他们认为人是有感情的，而不是机器人，家具也应该是有感情的，能带来共鸣的东西，是更富有艺术性的作品。

N：在芬兰有一位非常独特的设计师，Eero Aarnio，他的所有设计都是非常具有艺术气息的，他有很高的国际声望，但是在芬兰却很少有人追随他。芬兰的家具设计公司是不愿意冒险去生产那些非常具有艺术化的外观的产品的，他们更倾向于生产那些功能性非常强、造型简单的家具。丹麦的家具设计公司情形就不同，比如 NOOI 公司，他们更倾向于生产那些非常具有个性、非常具有装饰性的家具。所以如果想要芬兰的家具风格更加多样化，首先需要改变的是芬兰的家具公司。

13 Martela 公司首席设计师 Pekka Toivola

Pekka Toivola1980 年毕业于赫尔辛基艺术设计大学工业设计系，1984 年就来到了 Martela，一直工作到今天。Martela 是芬兰最大的两家家具公司之一，在 Martela 只有两个 in-house 设计师，Pekka 是其中之一，其余的都是自由职业设计师。in-house 设计师和自由职业设计师在职责上有什么不同呢?

P: 首先 in-house 设计师可以评价自由职业设计师的作品。另外，他们负责的产品也不同。in-house 设计师一般主要设计工作台、柜子、屏风和办公椅，而自由职业设计师主要设计小型椅子、小型沙发，他们设计的东西一般都是可以独立存在的，因为他们每个人都有自己的个性，而我们两个 in-house 设计师要负责公司的主要产品，而且一般是以系列形式存在的。

在芬兰，大部分的设计师都是自由职业者。他们工作时间非常自由，会同时与几个公司合作。这种方式对于公司而言节省了人工成本，对于设计师而言可以有更多的合作机会，但是同时也是非常具有挑战的。

P：我们公司和自由职业设计师合作，主要有两种方式。一种是当我们有一个项目的时候，我就会跟他们联系，看他们是否感兴趣；另一种方式就是他们有了好的设计会来找我们，看我们是否对于生产这些设计作品感兴趣。很多自由职业设计师都十分希望和我们公司合作，因为如果你的作品被我们采用就会大量生产，那么无论对于设计师的经济利益还是提高声望都是有很大好处的。所以每个月我们都会接到很多设计师投来的设计作品，我们需要先进行初步评选，大概只有 10% 的作品会被留下来进行进一步的讨论，看是否可以投入生产。一般来说我们很少向从未合作过的设计师索要设计作品，通常都是对于已经合作过的，而且合作得非常好的设计师，我们了解他的设计风格和他的想法，当我们有一些特殊的项目、我们觉得很适合他的时候，我们就有可能会和他再次合作。

Martela 有一个团队，其中包括老板、产品经理、销售经理和首席设计师，这个团队负责筛选设计作品。

P：在我们公司从来都没有说某一个人可以决定一切，我们都会就一件事情在一起进行讨论，我想我的职责就是掌握 Martela 产品设计的总体方向。这对于一个公司的品牌形象的建立是非常重要的。而 Martela 的品牌形象就是：joyful（快乐），inspired（创意），innovative（革新），convenient（便利）。所以每一件产品都必须遵循这样的设计方向。我们所有的产品都必须沿着这样的轨迹，不能偏离。我们所有的工作人员也必须保证为了完善公司的品牌形象做正确的事情。当然要想在所有的客户心目中建立这样的品牌形象，还有很长的路需要走。

Pekka 的工作不仅包括产品设计，还要评价别人的设计，那是他工作的一个很重要的部分。

P：我工作的重要一项就是写简报。我先从销售部门那里听到反馈，通常这种反馈都是一些不怎么好的消息，都是他们的一些抱怨。我需要将这些信息进行综合整理，写成简报，然后在公司的领导班子会议上进行讨论。这些简报会送给相关的设计师，他们可以根据这些意见对设计进行修改。这是对设计进行完善的一个很重要的步骤，因为只有很好地满足了客户的需求，你的设计才能称之为成功的设计。

Martela的经营策略是做办公空间的整体方案，而不只是销售家具，这在芬兰是独一无二的方式，也是 Martela 的优势之一。

P: 我们可以提供一个办公空间，从室内设计和装修、家具、灯具、地毯及所有的装饰品，甚至我们可以帮助搬家，并回收旧的办公空间里的所有家具，所以客户只需要给我们大约两个月的时间，我们可以给他们一个完全崭新的办公空间。他们什么也不需要做。这给客户带来了非常大的方便，我们公司也从中获得了更多的利润。我曾经听我们的销售人员讲过一个故事：我们曾经和俄罗斯的一个公司做生意，当我们为他们完成了办公室里面的所有设计之后，最后他们说，他们还需要两只小狗做宠物，我们也很好地满足了他们的需求。所以可以说，我们的优势就在于不仅提供所有的产品，还提供一种服务，而且我们现在越来越重视这些。

在芬兰，也有一些公司在学习 Martela 的这种经营方式，比如说 Isku 公司，但是由于这种经营方式需要公司具有非常大的规模，Isku 可以提供的服务远没有 Martela 这么全面。

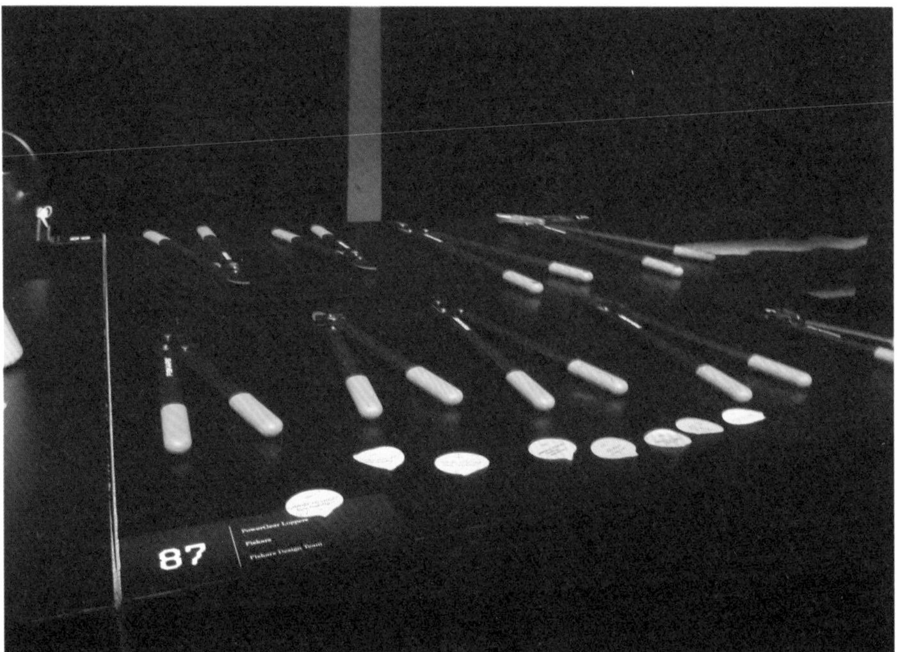

陶瓷制品展示

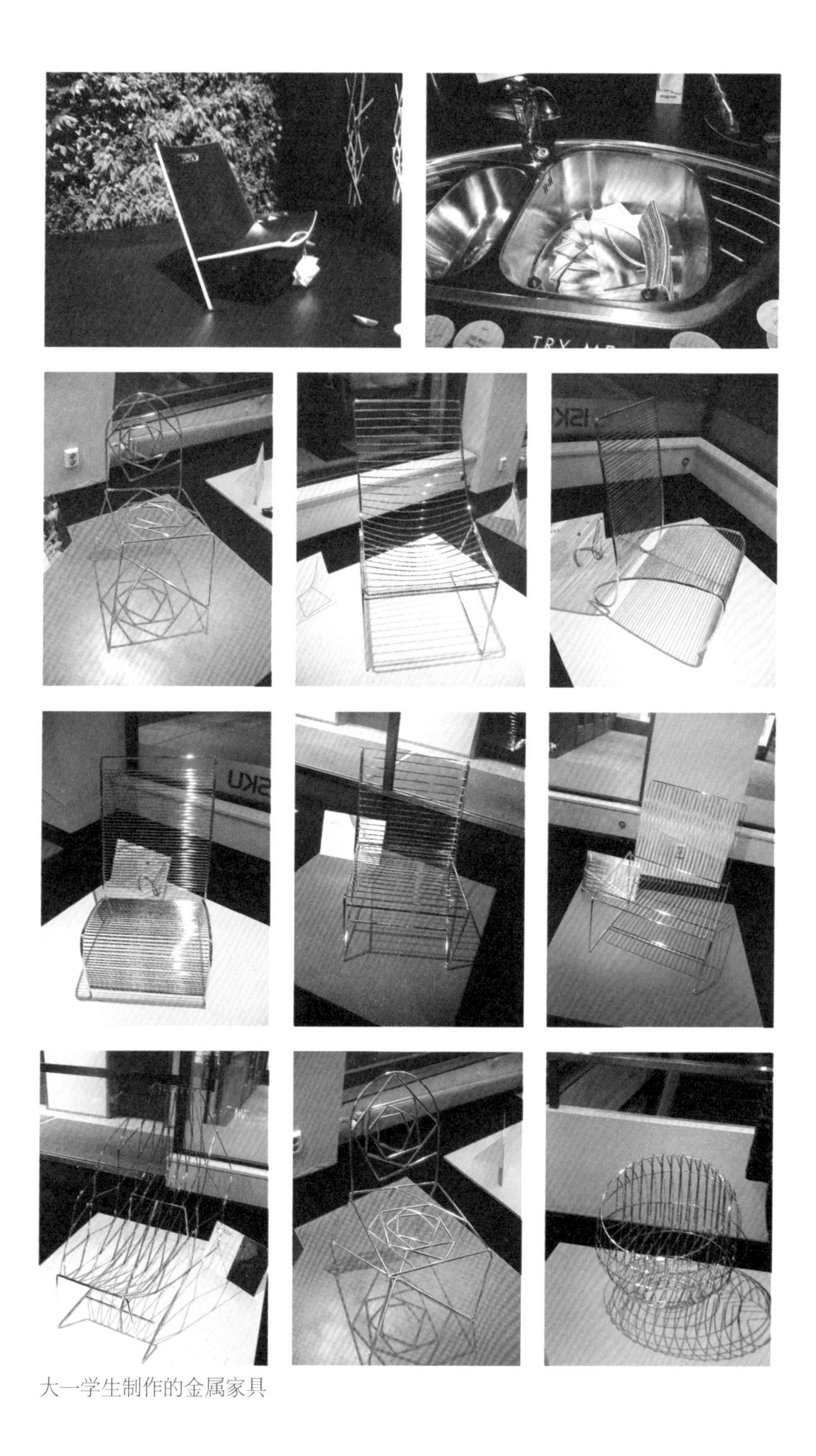

大一学生制作的金属家具

14 芬兰设计广场（Design Forum）负责人 Mikko Kalhama

在芬兰有很多设计机构，比如非常著名的ORNAMO（芬兰设计师协会），它主要是为了维护设计师的利益，考虑如何为设计师创造更多的工作机会，是设计师与企业之间联络的桥梁，而Design Forum（芬兰设计广场）主要是更多地考虑企业的利益，为企业寻找更好的设计师，所以其会员大多是设计领域的企业，但是其共同目的都是促进芬兰设计的发展。

M：芬兰设计广场有多个层次的工作。其一是致力于芬兰国内，主要与芬兰国内的企业合作，我们也与芬兰的各个政府机构合作，像教育部、文化部、贸易和工业部等，来影响或参与制定一些与设计有关的国家战略和政策，我们还与芬兰的多所设计院校紧密合作，建立紧密的设计联盟。其二是在国际范围内，我们会组织各种设计活动、设计论坛，发布很多芬兰设计的信息，比如去年，我们就在德国的柏林、法国的巴黎和美国的纽约举办芬兰设计展览，向世界宣传芬兰设计。我们还准备去中国、日本、韩国和俄罗斯举办芬兰设计的巡回展览。

我们还和世界上各种设计组织和机构合作，其中包括北欧的各种设计组织，我们因为地理上的原因，所以经常一起分享一些信息，也会一起举办一些活动。

芬兰设计广场的主要经费来源是芬兰贸易和工业部，另外还会向其会员企业收取一定的会员费，同时也会获得企业的一些赞助，这一组织已经有 100 多年的历史了。在这些年里，芬兰设计广场也投资了一些项目获得了一定的资金积累，而且一些基金会也会对其进行资金上的支持。

M：我们会向企业发布很多信息，其中包括芬兰设计行业的现状和最新趋势，最近的变化和一些正在进行的项目等。芬兰现在的设计领域的变化可以说是日新月异。我们也会帮助企业寻找合作伙伴，芬兰很多家具公司的产品的零部件都采用外购的形式，我们掌握着所有企业的信息，可以帮助这些公司找到合适的合作伙伴。另外，如果这

商店里的餐桌布置

商店里销售的纺织品

些企业需要举办一些活动，我们可以帮助他们联系一些媒体进行宣传。我们还会向企业提供一些设计师的信息，方便他们之间的合作。

20 世纪 80 年代是芬兰设计行业发展非常好的时期，但是在 90 年代由于遭遇了严重的经济衰退，很多企业倒闭，设计师也找不到工作，但是芬兰最终还是度过了那段艰难的时期，现在芬兰跟设计相关的企业发展得非常迅速，这必将带动设计行业和设计教育的发展。现在设计师可能会说竞争变得越来越激烈，但是从某种角度上来说竞争也是一件好事情，尤其当这种竞争是一种国际化的竞争时，这就更加促使设计师和生产者更好地完善自己的作品，这对整个行业一定是一件好事情。

瑞典家具展

瑞典家具展

III 设计面面观

1 芬兰设计的定位

芬兰地处东西方交汇之处，尤其是处于瑞典和俄罗斯两个强国之间，这样特殊的地理位置注定它要遭受很多磨难，芬兰是如何在东西方之间为自己定位的呢?

让我们追溯一下历史。

19 世纪之前芬兰处于瑞典的绝对统治之下，后来又受控于俄罗斯，芬兰在独立之前的 800 多年可以说是屈辱的历史。芬兰人从外貌上也与北欧其他国家有很大的差异，很长一段时间他们被认为是“低级的蒙古人”。芬兰人本身性格并不强悍，所以在海盗时代，他们也无力参加掠夺活动，只能依靠售卖毛皮生活。

芬兰在设计上很长时间以瑞典为榜样，这应该与芬兰从 12 世纪到 19 世纪一直处于瑞典的统治之下有关，瑞典是他们最近的可以了解到的所谓西方的设计。19 世纪，瑞典与俄罗斯交战失败，芬兰被俄罗斯占据，俄罗斯给了芬兰一定的自治权，后者被称为大公国。从 1809 年一直到 1917 年宣布独立，芬兰被俄罗斯统治了一百多年，在这段时间，芬兰不可避免地受到了俄罗斯文化的影响。芬兰在地域上与俄罗斯的

1900年巴黎世界博览会

图片来源：《图说芬兰设计》

1900年，加棱卡棱勒在巴黎博览会上的获奖作品“火焰”至今仍是芬兰手工艺品中的瑰宝

图片来源：《图说芬兰设计》

1900年，爱里斯工厂在巴黎世界博览会上的芬兰展厅中的陈列

图片来源：《图说芬兰设计》

大都市圣彼得堡毗邻。圣彼得堡的工业发展规模很大，同时也是一个艺术活跃的城市，火车和轮船将芬兰和圣彼得堡相连，在这一百多年，芬兰与圣彼得堡，乃至俄罗斯的个人和机构都因此有着自然而然的紧密联系，芬兰的实用艺术经常出现在俄罗斯的展览中，其中规模最大的是1896年在下诺夫哥罗德举办的全俄博览会。芬兰人的很多饮食，比如食用酸萝卜、黑面包，应该都是受到了俄罗斯的影响，但是很多芬兰人不太愿意承认这一点。

这段时间里，芬兰民族主义思想和独立意识是如何慢慢形成的呢？

有三件非常重要的事情让芬兰人猛然觉醒，独立的呼声越来越高：一是1835年，芬兰民族史诗《卡勒瓦拉》（*Kalevala*）出版。这是一本由芬兰地区的民歌汇编成的民族史诗。《卡勒瓦拉》主要描述各主人公与地方霸主斗争，以夺回原本属于自己的幸福和财富的故事。这本书的出版被认为是芬兰民族文化史上的重要转折，史诗帮助芬兰族人树立了民族自信心，提升了芬兰族人对民族文化的接受与认同。二是1865年，芬兰有了自己的货币，这使得芬兰从俄罗斯卢布的统治下赢得了独立。三是几乎同时，芬兰政府宣布芬兰语与瑞典语一样，成为芬兰大公国的官方语言。

芬兰人在史诗中看到了中世纪时期芬兰族人的美好生活，不受压榨和欺凌，他们开始意识到他们是独立的民族，不应该一直承受外族的欺侮，而俄罗斯此时却宣布取消芬兰的自治状态，准备采用强硬手段将其直接划归俄罗斯所有，而且要将俄罗斯语言规定为芬兰的第三语言，这种强硬的政策不仅没有吓倒芬兰人，反而大大激发了他们的爱国热情，他们为最后的独立不断积蓄力量并努力寻求国际上的认同。

处在政治节点上的芬兰，决定利用 1900 年的巴黎世博会来表达自己要独立的立场，将世博会作为表达芬兰自身立场的一个舞台。由艾里 · 沙里宁（Eliel Saarinen）、赫尔曼 · 格斯柳斯 (Heman Gesellius)、阿玛斯 · 林德格伦 (Armas Lindgren) 设计的芬兰馆向俄国以及世界宣布芬兰经济和文化生活的独立，最终他们的艺术和手工艺品得以脱离俄国单独展出，尽管当时展出的家具、瓷器等还相当粗糙，但是芬兰实现了通过艺术和手工艺作品呈现自己文化身份的目的，传达了“芬兰风格”的信息，也将自己区别于斯堪的纳维亚的其他国家和俄国。

1917 年，随着俄国十月革命的爆发，芬兰随即于 12 月 6 日宣布脱离俄罗斯帝国的统治，成立芬兰共和国（The Republic of Finland）。经过 1918 年芬兰内战后，国家正式开始独立发展，一面在东部与苏联在政治上和经济上彻底断绝了来往，毫无疑问未来的发展定位一定是西方化的，但是芬兰又想显示出与瑞典的不同。当时的芬兰和现在的中国一样，也在为寻求自己设计上的风格而苦苦探索。芬兰是由选举的总统领导的民主立宪制的国家，在整体上与其他几个北欧国家不同，所以芬兰必须找到能够表达自己这样一个年轻的民主国家形象的以及芬兰民族所特有的设计风格。

虽然芬兰的初衷是建立有别于瑞典的自己的风格，但是到了 20 世纪 30 年代初，苏联的先锋派艺术被当作左翼思想，芬兰的艺术界不愿意去了解，那么能够参照的主要风格依旧只能是瑞典风格，权衡之下，芬兰确定了要走一条与北欧其他国家一样的设计发展之路，这为最终成为北欧设计的一分子打下了基础。从 30 年代开始，芬兰的古典主义风格开始向现代主义的潮流转变，之所以芬兰可以和北欧其他国家一样实现这样的转变，是因为他们拥有相同的政治构架基础，他们在设计风格上的转变绝不仅仅只是设计领域的问题，而更多地涉及社会改革的问题，这个时期，来自德国、法国和荷兰的国际化的现代主义思想越来越多地影响着芬兰的设计。

20 世纪 30 年代，一面是苏联终止了十月革命后开展的各种艺术、建筑和设计领域的实验和探索，一面是北欧现代主义思想在广泛的前沿领域得以发展，成为公共部门甚至是政府乐于采用的一种表达形式，芬兰，这个年轻的共和国开始为自己在文化上成为西方现代化阵营的一分子而谋划。

2 芬兰设计的崛起与展览

看展览是芬兰人的一种生活方式。我在芬兰学习生活的一年里，看了大大小小数不清的展览，有延续几个月的设计大师的展览，有只展几天的设计新星的展览，还有在市中心给大一学生办的展览。芬兰的冬天天黑得早，漫漫冬夜很多人就靠看展览来打发时间。看展览是芬兰人非常重要的社交方式，他们边走边看，也会看到熟悉的老朋友，聊聊天，喝杯酒。

现在对设计师和作品的宣传变得非常多样，我们可以在网络上、各种平台上看到最新的设计作品。但是在以前，参加展览、登上杂志是一个设计师宣传自己，一个国家宣传本国设计的唯一方式。所以展览对于芬兰设计的崛起起着至关重要的作用。

从 1851 年在伦敦的水晶宫召开的世界博览会开始，芬兰就开始积极参加各种展览，这时离芬兰独立还有 60 多年的时间。1873 年芬兰又参加了维也纳世界博览会，参加展览主要是为了寻找与其他国家的差距。他们在展会上搜集了大量的可用于教学展示的优秀藏品，供那些没有机会出国的学生们研究了解，并且进行临摹、再创造，使得

看展览的人们

丁具展

看展览成为一种重要的社交活动

在 1898 年巴黎世界博览会上，芬兰手工艺与设计协会的展位反映出木质工艺在芬兰实用物品的生产与使用中仍起着主导作用
图片来源：《芬兰设计》

1933 年米兰实用艺术展上芬兰的展位
图片来源：《芬兰设计》

芬兰未来的设计师可以紧跟国际潮流。接下来，芬兰又参加了 1878 年、1889 年和 1900 年的巴黎世界博览会。这时候一些芬兰手工艺学校的学生作品开始吸引一些国际公司的关注，外界开始了解到芬兰的风格是有别于俄罗斯和其他西方国家的，特别是 1900 年的展览。当时芬兰民众对俄罗斯的统治日趋不满，正在酝酿独立，在这样一个关键的政治节点，芬兰参加世博会就是在向世界宣布，芬兰是一个独立和独特的民族，它拥有完全不同于俄罗斯风格的设计作品，展览的作品就像一个独立宣言，预示着不久之后脱离俄罗斯统治的独立的到来。外界评价，这是芬兰建筑、美术和实用艺术方面一次具有划时代意义的设计展示，也是芬兰设计走向国际的突破口。

1900 年这次世界博览会，给所有人留下深刻印象的就是由艾里·沙里宁、赫尔曼·格斯柳斯、阿玛斯·林德格伦设计的芬兰馆，这座建筑拥有当时最流行的国际风格，也保留了中世纪的痕迹。可以说芬兰是举全国之力来参加这个展览，参与展馆、展品、陈设设计的设计师都是当时国内顶尖的设计师。芬兰人其实对结果没有抱太大的奢望，只是想在西方世界发出微弱的声音。但是出乎意料的是，参观者对芬兰馆和展示的实用艺术作品反响热烈，相关杂志大篇幅进行了报道。

阿尔托凳

阿尔托设计的扶手椅

阿尔托设计的扇形凳

这次展览的成功极大地鼓舞了芬兰设计师和芬兰的普通人以设计作为突破口，实现设计救国，通过设计作品向世人宣示主权和独立的民族性格。因此，设计对芬兰而言，从一开始就不仅是生活品质的提高，而关乎国家的独立、命运，是生死存亡的问题。

1917 年芬兰独立之后，对于展览的热情变得更高，年轻的芬兰共和国更加急于向世界展示其在实用美术方面的成就。1925 年，芬兰再一次在巴黎参加了国际实用艺术博览会，但是这一次的展览效果却差强人意。可见在这个时候芬兰还未非常准确地找到自己在国际上的设计定位，并不是每一次亮相都会让人感到惊艳。芬兰人意识到还是要从自己的展品品质和设计风格上找差距，那一段时间，芬兰在国内举办了大量的实用美术展览，积累作品，积蓄力量，为下一次亮相作准备。在这个过程中，芬兰工艺和设计协会、ORNAMO 设计师协会一直表现得相当积极，他们在各个环节推动不同领域的人团结协作。它们为芬兰设计选定的下一个舞台就是米兰三年展。

1933 年，尽管国际局势动荡，但是米兰三年展仍旧如期举行，芬兰在这次展览上的表现虽然不如在 1900 年巴黎世博会上那样让人念念不忘，但仍旧是可圈可点的，在建筑设计、纺织品设计和陶瓷设计等领域拿到了一些奖项。经过这次展览，芬兰实用艺术获得了国际上的认可，并成为芬兰国家形象的一部分。

历史的车轮是靠大多数的群众推动的，但是一些具有非凡才能的人士出现却能够加快社会发展的脚步。一个非常重要的人物崭露头角，并显示出他对芬兰的设计在国际风格的确立方面所做出的卓越贡献。他就是阿尔瓦 · 阿尔托。从 1933 年开始，阿尔托就通过在国外举办家具个展获得了商业上的成功和声望，1936 年的米兰三年展基本上成了阿尔托和他夫人（Aino Aalto）的个展。1937 年巴黎世博会芬兰国家馆也是阿尔托设计的，并获得大奖，受到很高的赞誉。阿尔托是建筑师，同时也设计家具、玻璃制品，所以他具有别的设计师所不具备的优势。但是让阿尔托一展设计才华的是 1939 年的纽约世界博览会，当时他已经成为负责芬兰馆建造和室内设计的绝对权威，他设计了一面向前倾斜的波浪形的墙，使空间富于戏剧性的变化，在这个设计中，阿尔托实现了他一直提倡的整体设计效果。展览获得了极大的关注，阿尔托也获得了极大的成功。

独立后的二十年，对于芬兰来说是成果丰硕的二十年，尤其是 1933—1939 年，这七年来，芬兰获得了世界上的极大关注，这些都与展览的成功举办密切相关。20 世纪 30 年代，芬兰的实用艺术通过国际性展览在世界范围内赢得了瞩目。从 1939 年开始，一直到 1945 年，芬兰经历了几场大大小小的战争，艰苦岁月里，实用艺术的发展也一度停滞。但是，也出现了另外一种情况，1945—1950 年间，第二次世界大战后人口的迅速增长，也促进了实用美术的发展。

战争结束后，芬兰也着手开始恢复各方面的建设，包括实用美术领域。他们放弃了 1948 年的米兰三年展，准备全力以赴参加 1951 年的三年展，这是一个明智的选择，但是一个非常现实的问题摆在大家面前，那就是资金的缺乏。对于这个饱受战争创伤的国家来说，参加展览开始变得不容易了，芬兰教育部也不愿意为此提供帮助。这时候一个非常重

1939 年纽约世界博览会的芬兰馆
图片来源：《芬兰设计》

要的人物出现了，他就是芬兰的设计外交家古梅鲁斯。他出生于罗马，是一个牧师的儿子，当时是阿拉比亚公司的首席执行官。古梅鲁斯首先与芬兰的两个企业——瓦锡兰公司和奥斯龙集团商议赞助的事情，并获得了成功；然后他又说服芬兰教育部，获得了部分资金；他还去和芬兰政府交涉,要求他们为展览做资金担保,最终使得芬兰可以如期参加展览。

1951 年的米兰三年展，芬兰展区并未采用绚丽的展示手段，依旧延续其简洁清新的风格，展览总负责人和设计师威卡拉用低矮的陈列桌稀疏地展示展品的构想获得了很好的效果。这次参展不仅获得了很多奖项，更重要的是获得了评论家和观众的赞赏。芬兰第二次世界大战后的一次重要的国际亮相获得了巨大的成功，这极大地提振了芬兰国内设计师和普通民众对于重塑芬兰国际形象的信心。芬兰设计从此开启了长达十几年的所谓“神奇年代”，从而真正地在世界崛起。

3 芬兰设计的“神奇年代”

芬兰的设计在 20 世纪 30 年代就获得了全世界的关注，并取得了一定程度的成功，但是由于战争的影响和国际局势的动荡，这种成功并没有为芬兰在国际出口和国内工业的发展方面带来多少真正的利益。战争带给芬兰人民的创伤并不比任何一个国家要少，实际上芬兰当时遭受着来自邻国的欺侮和侵略，“二战”后，芬兰是变成了战败国，需要向苏联赔款赔物，在非常艰难的生存环境中，芬兰人没有被压垮，他们在逆境中奋起，树立了设计立国的根本国策。这时一些英雄人物出现，带领芬兰人在战后除了进行重建之外，也积极着手准备曾经让他们扬名世界的“米兰三年展”。

芬兰选择米兰三年展作为展示自己的舞台，事实证明这个选择是对的。因为在 20 世纪四五十年代，有影响力的展览还非常少，而米兰三年展便成为不同国家持续展示设计、展开较量的唯一平台。三年展传播了家具和工业产品的现代品位，并且为建筑提供了发挥实验主张的机会。“二战”后，它倾向于将工业增长和当代社会的变化联系起来，对国际文化的讨论一直都是持开放的态度。米兰三年展在大众媒体尚

1951 年，米兰三年展上由塔比奥·威卡拉设计的展览

1954 年，米兰三年展上由塔比奥·威卡拉设计的展览

图片来源：《芬兰设计》

未出现的时候使文化的交流成为可能。

在政府的有识之士、设计外交家、建筑师和设计师的多方努力下，在 1951 年的米兰三年展上，芬兰大获成功，从而开启了 1951—1964 年长达十几年的芬兰设计“神奇年代”。一些芬兰设计师在国际展览中获奖，这大大刺激了国内新实用艺术的发展，越来越多的人愿意成为一名设计师或者建筑师，更多的人才进入实用艺术领域，这使得在各种国际大展上出现了更多的芬兰获奖作品，就形成了一个良性循环。一位芬兰学者回忆起这段时间，对我说：“这就像是芬兰体育运动的发展，当芬兰的运动员在国际赛场上取得成功后，就会掀起一阵运动的热潮，同时国内对各种体育运动的支持力度也会不断提升，从而促进芬兰成为更有分量的体育强国。”

从 1951—1964 年，芬兰连续参加了五届的米兰三年展。

1951 年的展览负责专员是芬兰著名设计师塔比奥·威卡拉（Tapio Wirkkala），展馆的室内设计极好地烘托了产品的芬兰风格，即来自于自然的现代设计，展品包括塔佩瓦拉设计的多姆斯椅，阿尔托设计的三足凳和约翰森·佩普设计的灯具。意大利和许多其他国家的媒体都对芬兰的设计进行了大量充满溢美之词的报道，美国的《美丽家居》（*House Beautiful*）就刊登了威卡拉设计的航空胶合板的花瓶，称之为“1951 年最美丽的物品”。

1954 年的第十届米兰三年展几乎被威卡拉“操控”，他为芬兰创造了一个统一的形象，国家景色的放大图片——芬兰的中部湖区——传达了“北欧”的宁静，开阔的空间感，为展示的玻璃、瓷器等物品营造出一个风景如画的情境。在这次展览中，芬兰设计师可以说成为绝对的明星，他们获得了所有大奖的五分之一，威卡拉也因为其出色的展览设计而获大奖。芬兰媒体引用瑞典最著名的日报《每日新闻报》中罗马记者的文章：“芬兰不必上演华丽的演出，他们以纯粹的形式弥补了在数量上的不足——这是芬兰在实际行动中的典范。”意大利著名设计师和展览策划人吉奥·庞蒂在总结“三年展”中写道：“我们感谢听到了愉悦的道德课，尤其是芬兰人诗意般的视觉，他们打动人心的作品是一个流动的梦和个人主义……在意大利没有什么比这更受欢迎的了。”

1957 年的三年展，芬兰的展览设计策划为蒂莫·萨帕涅瓦，这次展览芬兰增加了由奥拉维·汉尼宁设计的住宅展览，在住宅中展出了一些不同功能的新式芬兰家具，而且打破了以往参观者只能看不能动的展览形式，参观者可以通过使用这些家具获得良好的观展体验。这次的战绩甚至比上一届还要好，芬兰设计师获得了近四分之一大奖，至此，芬兰设计已经确立了其国际声望，人们谈起芬兰设计，就会想起那个美丽的、到处是湖泊和森林的国家，纯净，自然，不华丽，但却永远让人心生向往。

1960 年和 1964 年的三年展，设计策划是安蒂·诺麦斯涅米，他的思路让芬兰的设计更加趋于抽象。芬兰设计的现代主义道路已经获得了巨大成功，这两届展览芬兰依旧吸引了参观者的眼球，芬兰的设

1957 年，配合米兰三年展而举办的芬兰住房展览
图片来源：《芬兰设计》

计实力已经不低于任何一个北欧国家，甚至获得了比丹麦和瑞典更多的赞誉，芬兰人感到无比自豪。

如果说米兰三年展使得芬兰打开了欧洲市场，那么开始于 1954 年的持续了三年的“斯堪的纳维亚设计”的北美巡回展则使得芬兰设计在北美市场站稳了脚跟。芬兰曾经是东方的一部分，但是芬兰脱离俄罗斯之后的坚持走西方现代主义设计之路，经过三十几年的努力终于获得了成功，芬兰在米兰三年展的卓越表现，使得它的设计已经完全可以和北欧其他国家平起平坐。

20 世纪 50 年代到 60 年代上半段可以说是芬兰设计的“神奇年代”，在这十几年间，芬兰获得的成功包括很多方面，在各个国际展览上大放异彩的同时，芬兰完成了风格上的确立，国际出口额稳步增长，国内设计教育得到了长足的发展，而且芬兰的设计成就最终让芬兰的普

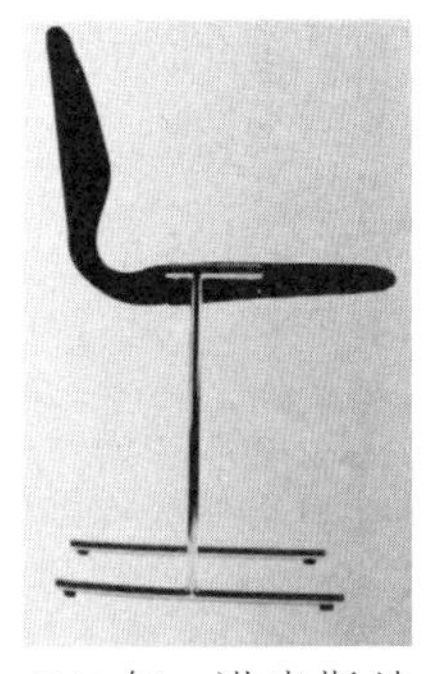

1960 年，诺米斯纳米设计的椅子获得了米兰三年展的金奖
图片来源：《图说北欧设计》

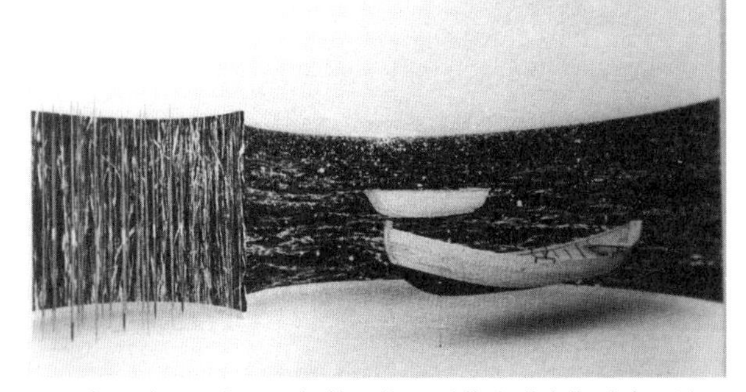

1964 年的米兰三年展，极简风格的展览由诺米斯纳米设计
图片来源：《芬兰设计》

1954 年，在美国和加拿大举办的"斯堪的纳维亚设计巡回展"
图片来源：《图说芬兰设计》

战争结束后，人们的日常生活又逐渐回归正常，营建舒适温暖的家成为人们关注的热点，针对市场需求，阿斯科家具公司于 1948 年推出了这套家具，广受欢迎
图片来源：《芬兰设计》

通人受益。

第一是芬兰风格的最后确立。从 20 世纪 20 年代开始，芬兰就在苦苦探索可以表现其文化特色的设计风格。20 年代开始，欧洲大陆的各种设计运动无疑都会对芬兰产生或多或少的影响，尤其是包豪斯设计风格，对芬兰的影响很大，但是芬兰却没有完全照搬欧洲大陆的现代主义风格，而是与其手工艺传统、浪漫主义和功能的便利舒适完美

地结合在一起，这也是后来闻名世界的北欧风格，属于软化的现代主义风格，芬兰利用其优美的自然景色为设计添加了很多来自自然的元素，并且在很多展览中不断强化这一视觉感受，“芬兰的设计来源于自然”，很多人都接受了这种说法，设计师又不断在自己的设计中将这一思路强化。经过十几年的发展最终确立了芬兰风格，那就是来源于自然、拥有手工艺传统、实用、浪漫的现代主义风格。

第二是国际出口额的稳步增长。芬兰设计在 20 世纪 30 年代虽然已经获得了一定程度的国际声望，但是实际上并没有获得太多实际的利益，之后的战争也使得这种期待化为泡影，50 年代当芬兰再次在国际展览中取得成功之后，当时依旧比较贫弱的芬兰通过设计获得外汇就成为一种迫切的需求。芬兰设计紧紧抓住了战后欧洲大陆人们渴望获得舒适稳定的家庭生活的心理需求，那些源于自然、可以安抚人们心灵、浪漫的家居产品极大地满足了包括芬兰人民在内的整个欧洲，以及北美消费者的需求，设计产品的国际出口额从 1959 年占整个出口额的 1%，到 1970 年迅速增长到 7%，所有芬兰的设计从业人员切实为国家经济实力的提升贡献了自己的力量。

第三是国内设计教育的发展。战争期间仅勉强维持的芬兰唯一一所实用艺术学校——中央工艺美术学校（The Central School of Art and Crafts）在 1945 年开始大量招生，虽然当时条件还非常艰苦。当时的艺术总监是阿杜 · 布鲁默（Arttu Brummer）。1949 年，学校经历了重组整合而成为工业艺术学院（Institute of Industrial Art），遗憾的是，布鲁默于 1951 年离世。当时，芬兰正在米兰三年展上大获成功，艺术总监塔比奥 · 威卡拉随即被委任接替布鲁默的职务，而伊玛里·塔佩瓦拉（Ilmari Tapiovaara）成为家具设计专业的首席教师，两人都致力于将实用艺术教育与工业产业相结合，首先是在家具设计的专业教育中，要求学生必须进入车间实习，慢慢这一做法扩大到了其他领域的设计教育中，这一做法使得芬兰的设计教育始终以工业生

1953 年，杂志《美丽家居》（kaunis koti）上的一个室内设计佳例
图片来源：《芬兰设计》

1955 年，塔佩瓦拉为拉康普公司设计的比勒卡家具，其尺度非常适合空间有限的战后公寓

1953 年凯弗兰克设计的名为基勒塔的餐具风靡一时，获得了公众及批评家的青睐
图片来源：《芬兰设计》

1958 年，诺米斯纳米为瓦锡兰集团公司设计的搪瓷咖啡壶
图片来源：《芬兰设计》

产为前提，而不是小批量的艺术品。虽然由于设计任务繁忙，两人先后离开了工业艺术学院，但是继任者凯·弗兰克（Kaj Franck）却让工业艺术学院的发展没有偏离这种与工业生产结合的道路。这所学校在 1973 年改名为赫尔辛基艺术与设计大学（University of Art and Design Helsinki），在之后的很多年里，这所学校成为芬兰乃至北欧唯一一所有关设计与实用艺术教育的拥有大学层次的学校，它在几十年期间为芬兰的设计界源源不断地输送着设计人才。

第四是民主设计的实现，从 20 世纪 50 年代开始，芬兰设计一面是在国际展览中大放异彩，收获了无数赞誉，一面是国内人民的生活日用品依旧没有得到多少改善，所以关于人人有权享受现代主义设计成果的讨论就开始变得越来越热烈。设计的发展为国家争得了荣誉，赢得了出口份额，赚取了外汇，这些都是值得赞誉的事情。但是设计的最终目的还是要让每个公民切实感受到生活品质的提高，让每个人受益。这个目标曾经在 30 年代就提出过，但是由于战争的影响，一直到 50 年代才被再次提出，此时民主设计的实现有了很多基础，加上各界的积极推动，例如芬兰手工艺与设计协会在 1957 年举办主题为“工业和设计文化的共生能够为大众创造一个既美好又具有良好功能的日常生活环境”的展览，一些媒体和杂志积极在全国各地举办普及的设计教育，向大家推荐优良的现代设计作品，讨论如何配置家居用品。终于在 60 年代末，芬兰普通人的生活品质也得到了很大的提升，人们可以用比较低廉的价格购买到著名设计师设计的家具、咖啡器具、灯具等日常必需品。当时非常受欢迎的产品包括伊玛里 · 塔佩瓦拉设计的适合小空间公寓的比勒卡（Pirkka）桌椅，凯 · 弗兰克设计的基勒塔（Kilta）餐具系列，安蒂 · 诺麦斯涅米（Antti Nurmesniemi）设计的搪瓷咖啡壶。设计师努力探索采用价格不高的原材料通过精美的设计使得产品不仅实用而且造型优雅，到了 60 年代末期，现代设计已经成为普通芬兰人日常生活中自然而然的一部分，人民的生活品质已经得到普遍提高。

芬兰设计的“神奇年代”持续了十几年，虽然在 20 世纪 70 年代芬兰遭遇了严重的石油危机，设计领域也不可避免地遭受重创，但是芬兰设计的国际大旗已经拉起，至今依然在国际设计领域屹立不倒，拥有自己的一片天地，“神奇年代”时期所有人的努力和付出依旧在当代让芬兰设计受到国际上的尊重和认可。

4 芬兰设计的“静”与“净”

芬兰很安静。我刚到赫尔辛基的时候，是十一月，是一年中最阴暗、寒冷、潮湿的月份。刚来的时候，没有什么朋友，大部分的周末时间都是待在公寓里，那是一个很老的公寓，电梯的门需要用手帮助才能关上，小得只能挤下两个人。楼道里很安静，我待在公寓里一整天，几乎听不到一个人说话，偶尔会有人开门关门的声音，习惯了热闹生活的我实在受不了这种安静就会去找个咖啡厅，只为了看看人来人往。

芬兰人也很安静。有个笑话在芬兰的留学生中流传很广，说是如果有一个芬兰人和一个中国人待在一起，一定很安静，但是如果有一个芬兰人和两个中国人在一起，那就一定很热闹，中国人坐在一起，如果大家都不说话，一定会觉得非常尴尬，但是芬兰人就不觉得，他们不喜欢高谈阔论，他们遵循着谨言慎行的做人原则。我曾经邀请过一个芬兰人到公寓做客，聊天的时候就会问他一些关于芬兰人的问题，他每次都考虑一会儿，然后说，这个我也不太了解、我也不太确定。我当时还心想：不就是聊天吗，也不是搞学术，有必要事事要求那么准确，事事都要考证吗？可这就是芬兰人，腼腆、害羞、安静、谨慎。

芬兰安静的自然

芬兰有数不清的湖泊和岛屿

芬兰湖边的桑拿房

芬兰自然风景

安静的芬兰是设计师工作的乐园。我曾经拜访过一个非常有名的设计教授，我每次坐大巴到半山腰，要走一段山路，两旁是高高的树木，他家的房子是黑色的，远远就可以看见，我走到房子跟前，走进前廊，就听见里面传来悠扬的音乐声，夹杂着风吹树叶沙沙的声音，透过玻璃看进去，设计师的夫人，也是一名纺织品设计师正在工作台上缝制着布料，教授则在屋内的桌上伏案画图。芬兰人住得离自然是那样的近，人口稀少，这些设计师可以远离喧嚣，专心从事设计工作，他们夏天可以找个无人岛待上半个月，冬天可以去拉普兰休息几周，所有这些暂时的与世隔离都是设计师整理思路、获得更多设计灵感的好机会。芬兰设计中蕴藏着一种安静，不与世相争，我想这和他们安静的自然界，安静的性格有很大的关系。

设想一位设计师从工作间的窗户望出去，一面是水泥森林，喧嚣的人群，另一面是碧绿的湖水，茂密的森林，那他的内心感受一定非常不同，前者一定让人烦躁不安，后者却是让人心静如水，恬淡自然。芬兰人喜欢安静地做事，这使得他们在战后获得了世界设计界的认可，但是也正因为喜静不喜动，相比其他北欧人来说拙于言辞，他们在很长时间依靠极少数的一些人来为芬兰设计做宣传，大多数设计师不喜欢也不知道如何去宣传自己。而丹麦设计师，则与芬兰人有很大不同，他们更加擅长做营销。我见过的很多设计师都对于去国外推销自己的设计感到力不从心，他们很多时候都是在等待客户上门找到自己，这也在一定程度上限制了芬兰设计的发展。

芬兰又是一个纯净的国度。这不仅指他们非常重视环保：空气是纯净的，湖泊是纯净的，这里几乎看不到什么污染。在设计上，他们也是纯净的，基本所有芬兰设计师都遵循着符合人体工程学的现代主义设计之路，少数几位以艺术化设计闻名世界的设计师在国内却没有什么声望，最显著的例子就是艾罗·阿尼奥。他采用塑料设计了很多造型优美的椅子，但是在芬兰国内基本看不到什么设计师跟随他的设计之路。我所采访的几乎所有芬兰的家具设计师都是从赫尔辛基艺术与设计大学毕业的，他们接受的都是同样的设计教育，他们设计家具时也基本上全部采用金属支架和单板模压胶合的座面，一些家具看起来只有细微的差别，他们的设计可以说是非常保守，只是在非常有限的范围内进行创新，也可以说是非常纯净，绝对不追求炫目的感受。

芬兰人也是纯净的。他们亲近自然，热爱自然，离不开自然，自然对他们来说无比重要。一位设计师曾经和我说过，他曾经住在赫尔辛基，但是发现赫尔辛基是一个四季不分明的城市，他于是就搬到了芬兰中部一个小城市，那里的冬天经常是漫天白雪，他喜欢那样的自然。也许就像我们中国古人也讲究亲近山水来怡情养性一样，芬兰人的心性也因为徜徉在山水之间而变得纯净恬淡，他们勤奋工作，工作之余就是与山水为伴，他们喜爱在小岛上垂钓，在林中滑雪，在小木屋中

阿尼奥设计的球形椅

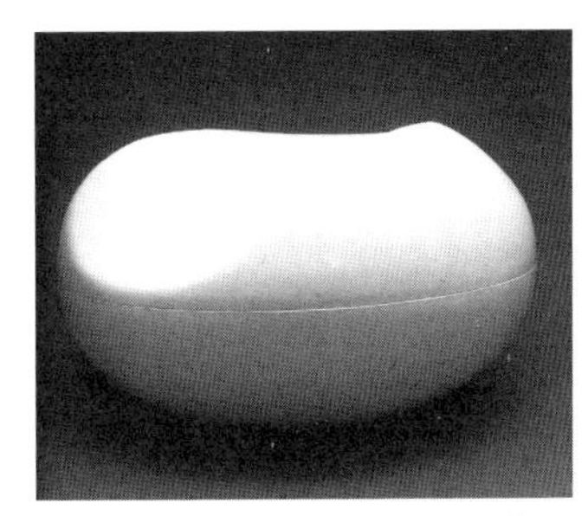
阿尼奥设计的可以在室内外使用的塑料椅

库卡波罗设计的 Fysio 椅以符合人体工程学作为最重要的设计准则

诺米斯纳米设计的桑拿凳

洗桑拿。

芬兰人的心灵是纯净的。刚来芬兰的时候，有一个传说让我们中国留学生都瞠目结舌，据说芬兰洗桑拿可以男女同浴，看来芬兰人真的是纯净到毫无“私心杂念”。和芬兰人交朋友不容易，但是一旦成为朋友，又可以建立牢固的友谊。他们没有中国人那么复杂的人际关系，简单透明如芬兰的湖水，我认识的一个芬日血统的设计师就是因为觉得芬兰简单的生活更适合自己而从日本移民到了芬兰。

心灵纯净的人在做产品设计的时候也会尽量使其简洁，很多芬兰的家具设计结构都采用外露的手法，结构一目了然，这就像他们待人处事一样，不喜欢隐藏，所有的法则已经很清晰，设计目的就是把复杂的东西简单化，使其变得如设计师的心灵一样纯净。

既安静且纯净，似乎是一种禅意，但又不仅仅是禅意，它没有任何说教，也无关乎任何修行，只是设计的人恰巧生活在一个如中国古人向往的世外桃源般的地方，他们在那里自得其乐，惬意地生活，这些设计作品无非是他们自己心境的如实写照罢了！

芬兰设计的静与净是我现在对芬兰的回忆中最深刻的印象了。

后记

我在去芬兰留学之前，对芬兰了解很少，只是依靠在宜家以及很少量的专业书籍中获得了一些对于芬兰设计的感受，我后来发现，当时了解的关于芬兰的一切都是相当的片面，大部分只是我自己的一些美好的想象而已。但是当我在 11 月底的一个下午，站在赫尔辛基市中心的一个街道上，环顾四周，因为寒冷潮湿的天气，人们拉高了衣领，步履匆匆，街边的咖啡厅有几个穿着怪异的青年在倚着墙抽烟，我才发现我来到了一个完全陌生的国度，那一刻，我感受到的不是兴奋而是落寞。

芬兰与中国差异巨大，无论是从古代还是到现代，无论是地理环境还是政治制度，芬兰和中国都完全不同，就只是单纯从设计文化来讲，也有很多不同。

首先中国的设计从历史上开始就有等级制度，皇帝用家具来显示皇权的威严，所以宝座只有皇帝可以使用，即使到了现代，家具也经常被人们用来显示自己的身份地位。以一个公司为例，老板的办公桌与普通的职员桌一定要区分开来，而且在公司里，不同级别的雇员使用的家具也是不一样的；而芬兰却不同，由于很早实现民主制度，1917 年独立后建立了芬兰民主共和国，他们信奉路德信义宗，强调众生平等，采取高税收高福利的政治制度，尽力缩小贫富差距，而且在北欧盛行的“杨特定律”，倡导人们养成勤劳、谨言慎行的生活习惯，推崇内敛、自我

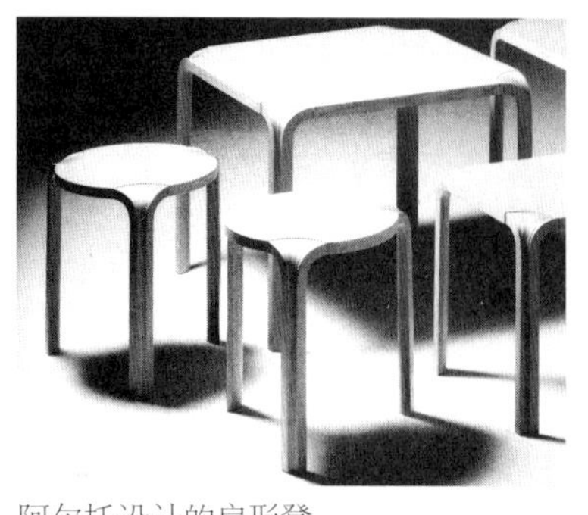

阿尔托设计的扇形凳

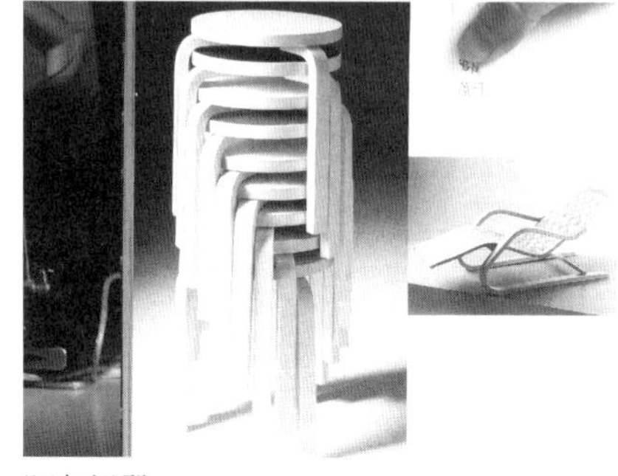

阿尔托凳

约束的价值观，忌讳浮夸的外表，轻视任何浮夸的举止，而且非常忌讳对于物质成就的炫耀。所有这些制度和信仰都使得在芬兰，所有人都可以享受美好的设计，不论你是政府官员、商界领袖还是普通的民众。在芬兰我们很难从家具上，服装上，或者其他日用品上来判断使用者是富豪还是普通人。在芬兰，在整个北欧真正实现了所谓的“民主设计”。宜家创始人英格瓦就有一句名言：“无论你的梦想是什么，不管你在哪里，不管你的钱包有多薄，我们都会和你站在一起。”

其次，中国传统家具因为拥有极其辉煌的历史，现代家具人讨论的更多的是如何继承传统，讨论很多关于“新中式家具”的设计，但是芬兰由于历史很短，在 1917 年之前，是一个以农业为主的国家，所谓的设计更多的是朴实的乡村风格，他们没有历史的负担，设计从一开始经历了短暂的欧洲古典主义风格的模仿之后，在 20 世纪 20 年代就开始走上现代主义设计之路。我们中国因为有漫长的辉煌的历史，所以某种程度上也成为现代化道路上的一种“负担”。但是芬兰却没有，我们中国搞家具收藏，最早会到明代家具，一百年前的民国家具都会被认为历史太短而不太受收藏家的重视；但是我在芬兰看到了一种收藏，让我很惊讶，他们会收藏阿尔瓦 · 阿尔托在 30 年代设计制造的家具，他们认为这种接近我们民国时期的家具已经是古董了，所以其对历史的感受和我们完全不同。

塔佩瓦拉 20 世纪 40 年代设计的椅子

再者，中国目前正处于经济快速发展阶段，而芬兰在 20 世纪六七十年代已经成为一个比较富裕的发达国家，而且其设计水平在五六十年代已经达到了很高的水平，这就造成了现在他们依旧在使用当时设计的家具，他们认为这才是设计的魅力，所谓经典的才是永恒的。这一方面减少了很多新产品开发研制所造成的浪费，鼓励设计师努力设计出经典作品，但是一方面却又阻碍了年轻设计师的发展。而在中国目前的形势却完全不同，我们在各个领域都是快速更新，在家具领域也是追求时尚，追求"新"和"变"，这一方面促进了新产品的出现，促进了行业的发展，另一方面也不可避免地造成了材料的浪费、环境的污染。

另外人口因素、教育水平、民族性格等诸多的不同，注定我们不能把芬兰在设计上的成功经验照搬到中国，但是依我之见，芬兰的一些做法仍然值得借鉴。

我觉得所有去北欧留过学的人，都有一个共同的感受，就是那里的普通人过得很幸福，优秀的设计作品就像空气一样无处不在。我记得我办公室的椅子是库卡波罗设计的，图书馆的椅子是阿尼奥设计的，公寓

1945 年工作中的塔佩瓦拉

50 年代中产阶级家庭

里的凳子是阿尔托设计的，学校食堂的椅子是西蒙设计的，人人可以享受优良的设计。反观中国，优秀的设计通常都需要花大价钱，而普通人平时使用的都是粗制滥造、价格低廉的物品，设计的发展最终使谁获益了呢？虽然中国有很长时间的等级制度的历史，但是在现代社会，应该努力提升的是普通人的生活品质，设计企业的管理者也应该切实意识到设计的力量，提升设计师的地位，媒体和机构也应该组织各种活动为普通人普及正确的家居美学知识，而这些正是芬兰在 20 世纪五六十年代的做法，实践证明获得了非常好的效果，中国目前也可以效仿这种做法。

芬兰的设计教育也有很多值得我们学习的地方。除了将理论与工业生产前沿紧密结合之外，我认为非常弹性的学制也是芬兰教育的一大成功经验。芬兰曾经不限定硕士生毕业的年限，虽然近年来有收紧的趋势，但是这种弹性的学制一大好处就是，学生在学习的同时可以参与实践。我认识的好几个设计师都是在攻读硕士的同时创建了自己的设计工作室，他们一般是边工作边学习，或者去另外一个学校同时学习，互补所长。中国虽然难以完全照搬，但是可以允许学习设计的学生同时做一定程度的兼职，或者在一定范围内延长学制。

我觉得，芬兰人最值得我们学习的是他们不张扬的品质和踏实不浮躁的心态。《论语 · 雍也》里说：“质胜文则野，文胜质则史，文质彬彬，然后君子。”不浮夸才能称其为一个君子，可是当代很多人却崇尚所谓的“烧包”美学，企图通过奢华的、引人注目的生活来获得别人的尊重。我在芬兰听说过一个故事：一个富豪因为怕邻居的嘲笑不敢把新买的豪车开到自己家门前，而是开到一个远处的停车场，然后步行回家。这在中国是不可思议的事情。芬兰人还有一个可贵的品质，就是我所见到的很多设计师都不会特别地急于出人头地，他们愿意花一段时间来认真钻研一种材料和一种工艺，我见到的一位设计师，他已经六十多岁了，他说他三十几岁才在设计上起步，第一件作品的成功是在他四十几岁，而他称自己现在是设计的黄金时代。连续几年琢磨一件设计作品的故事很多设计师都给我讲过，这也许源于他们没有那么大的竞争压力，也许源于他们天生的民族性格。

回顾在芬兰的一年，所学不局限于专业，也涵盖了历史、人文的方方面面，我所见到的每一位设计师都让我更深层次地、从方方面面了解了这个陌生的国度，所感也不局限于设计，而是关乎中国的未来，我们每个人所秉持的做人做事的方法。芬兰也曾经遭遇设计道路上的很多困惑，一如中国现在所遭遇到的那样，芬兰现在是设计上的强国，一如所有中国设计师对中国未来的期待那样，如果我的所学所感可以给大家带来一点点启示，我会备感安慰。